일러두기

1. 인명, 지명 및 외래어는 관례로 굳어진 것을 제외하고 외래어 표기
   법과 용례를 따랐습니다.
2. 본문의 QR코드를 스캔하면 해당 지역의 지도를 구글맵으로 확
   인할 수 있습니다. 거리는 정확한 지점이 아니라 근처 지역을 나
   타냅니다.

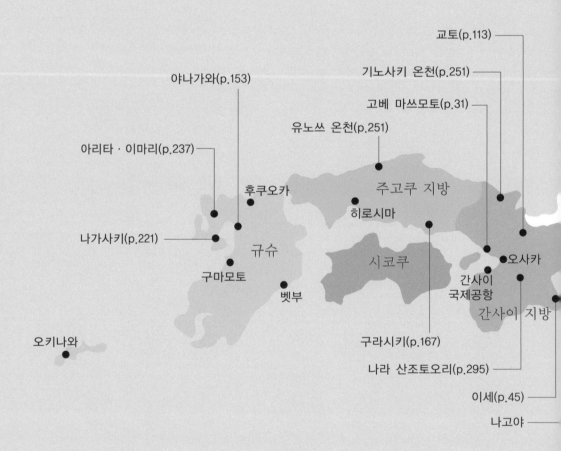

교토(p.113)

기노사키 온천(p.251)

고베 마쓰모토(p.31)

야나가와(p.153)

유노쓰 온천(p.251)

아리타 · 이마리(p.237)

주고쿠 지방

후쿠오카

히로시마

나가사키(p.221)

규슈

시코쿠

오사카

구마모토

간사이
국제공항

간사이 지방

벳부

구라시키(p.167)

오키나와

나라 산조토오리(p.295)

이세(p.45)

나고야

아름다운 마을이 강하다

일본마을 인생기행

아름다운 마을이 강하다

일본마을 인생기행

—

인쇄 2019년 8월 15일 1판 1쇄 　**발행** 2019년 8월 20일 1판 1쇄

지은이 성종규 　**펴낸이** 강찬석 　**펴낸곳** 도서출판 미세움
주소 (07315) 서울시 영등포구 도신로51길 4
전화 02-703-7507 　**팩스** 02-703-7508 　**등록** 제313-2007-000133호
홈페이지 www.misewoom.com

정가 17,000원

—

이 도서의 국립중앙도서관 출판예정도서목록(CIP)은 서지정보유통지원시스템 홈페이지
(http://seoji.nl.go.kr)와 국가자료종합목록 구축시스템(http://kolis-net.nl.go.kr)에서
이용하실 수 있습니다. (CIP제어번호 : CIP2019015024)

—

ISBN 979-11-88602-19-3 　03980

**이 도서는 한국출판문화산업진흥원의 '2019년 출판콘텐츠 창작 지원
　사업'의 일환으로 국민체육진흥기금을 지원받아 제작되었습니다.**

일 / 본 / 마 / 을 인 / 생 / 기 / 행

글·사진 성종규

아름다운 마음이

강하다

미세움

차 례

5

추천의 글

　참여연대 시절부터 지금까지, '진정한 민주주의'와 지방자치에 대한 저의 믿음은 그대로입니다. 바로 마을과 지역, 그리고 그곳에 사는 사람들로부터 풀뿌리 민주주의가 시작되고, 지방자치가 발전한다는, 흔들리지 않는 신뢰입니다.

　저도 국내외를 다니며 직접 현장을 취재하면서 튼튼한 지역공동체에 관한 책을 여러 권 썼는데요. 이 책을 통해 참여연대 시절 인연이 있던 성종규 변호사의 소식을 듣고 참 반가웠습니다.

　성종규 변호사는 무려 10여 년 전부터 경기도 양평군 서종면에서 서종마을디자인본부(이하 서디본)라는 지역밀착형 NPO를 만들어 활동하셨습니다. 복잡다변한 사회에서 정부와 기업의 중간 지대 역할을 하는 제3섹터의 역할은 갈수록 중요해집니다. 그런 의미에서 서디본이 펼쳐갈 미래를 그려 보니 가슴이 두근거립니다.

　서디본의 명칭에 '마을디자인'이란 개념이 함의하듯, 미래를 설계하는 데 소통, 융합, 창조력이 필요합니다. 그래서 다양한 현장을 찾아가고, 탐구하는 것이 중요합니다. 이런 현장의 경험, 멈추지 않는 고민을 안고 성 변호사는 우리보다 앞서 마을공동체를 만들어갔던, 일본 마을들을 찾아갔습니다.

저자는 직접 발로 뛰며 찾아간 일본 마을만들기 현장에서 작은 혁신의 실마리들을 찾아냈습니다. 고스란히 사람을 중심에 둔, 지속가능한 삶과 마을살이의 비결들을 알아내고, 이 책 속에 그것을 아낌없이 풀어냅니다. 아름다운 마을이 강한 것은, 바로 주체성과 정체성 그리고 공공성이 이유였다고 말합니다.

마을 주민들이 스스로 만들어낸 공동의 마을살이가, 다시 그들의 일상으로 잔잔히 스며들어, 마을을 아름답게 만들었다는 글쓴이의 따스한 시선에 저 역시 미소 짓게 되더군요. 또 일본 시민사회운동의 특징은 뿌리로부터의 힘이라는 점을 깨닫고, 우리나라 시민단체의 활동도 좀 더 다양하게 지역밀착형으로 분화·발전할 필요가 있다는 그의 일갈에서 많은 것을 생각하게 합니다.

저 역시 2000년 즈음 3개월간 일본 시민사회를 기행했던 경험이 있는 만큼, 최근 일본의 작은 혁신들을 담은 이 책과 글쓴이에게 더욱 고마운 마음입니다.

저에게도 낯설지 않은, 아름다운 마을 양평에서 시작한 성종규 변호사의 마을만들기 운동이 더욱 성장하고 발전하기를 기원합니다. 저도 이 책이 추천하는 아름다운 공동체가 있는 곳들로 여행하는 그날을 기대해 봅니다.

서울시장 박원순

어딘가 아름다운 마을은 없을까

어딘가 아름다운 마을은 없을까
하루 일을 끝낸 뒤 한 잔의 흑맥주
괭이 세워 놓고 바구니를 내려놓고
남자도 여자도 큰 맥주잔 기울이는

어딘가 아름다운 거리는 없을까
과일을 단 가로수들이
끝없이 이어지고 노을 짙은 석양
젊은이들 다감한 속삭임으로 차고 넘치는

어딘가 아름다운 사람과 사람의 힘은 없을까
같은 시대를 더불어 살아가는
친근함과 재미 그리고 분노가
날카로운 힘이 되어 불현듯 나타나는
         — 이바라키 노리코茨木のり子, 〈6월〉

나의 감수성의 8할은 아마도 엄마의 등에 빚지고 있으리라. 늦여름, 저녁을 먹고 나면 엄마는 나를 업고 천천히 둑방길을 걸었다. 미루나무 길이었다. 살랑 뺨을 스치는 바람과 엄마의 포근한 체온 사이에서 아이는 우주가 부여하는 평온함과 흔들림을 온몸으로 흡수하고 있었다.

가네야마에서였던가…. 아름다운 실개천을 낀 공원 옆으로 학교를 마치고 쏟아져 나오는 초등학교 아이들을 보며 그 아름다운 마을과 아이들이 참으로 행복해 보여 부러웠었다. 그때쯤 만난 것이 이바라키 노리코의 시다. 지극히 소박한 바람으로 아름다운 마을을 찾는 그녀의 간절함이 내게 전해져 왔다. 속도, 크기, 경쟁 …. 뭐 그런 광란의 질주들로 인해 쌓인 피로감이 소박하고 자기다운 그 무엇을 갈구하고 있었나 보다. 아름다운 사람들을 품어주고 아름다운 심성을 키워내는, 아름다운 마을이 그리웠나 보다.

일본 여행은 그저 팔자 편한 자의 여행길은 아니었다. 생업의 여러 가지를 포기해야 했고, 하염없이 걷다 보면 사서 하는 고행길 같기도 했다. 나름 낯가림이 심한 자의 부담감도 적지 않았다. 하지만 틈만 나면 떠났다. 아니 수시로 틈을 내어 떠났다. 아는 만큼 보인다지만, 아는 대로만 보일 수도 있으니 선입견도 버리려 했다.

어느샌가 돌아오는 길엔 내게 선물 하나씩이 쥐어져 있었다. 생각의 깊이가 달라져 있었고, 눈높이가 조금 더 높아져 있었으며, 뇌의 심미적인 세포가 꿈틀대기 시작했다. 그 선물 꾸러미를 나는 지금 여기, 광란의 질주 끝에 서 있는 이들과 함께 풀어가고 싶다.

제 1 장

공공성은 아름답다

오부세 | 고베 마쓰모토 | 이세

밖은 모두의 것, 안은 자신의 것

오부세

小布施

공공의 영역을 개인의 자유가 제한되는 영역이라고 생각하기 쉽다.
그러나 공공의 영역이야말로 개인 모두의 자유가 인정되는 영역이다.
서로 자유로울 수 없는 영역이 아니라,
모두가 자유롭기 위해 필요한 영역이다.
상대방의 자유를 보장하여 나의 자유도 인정되는 질 높은 자유의 영역.
공공성의 영역에서는 모두가 주인이다.
스스로 나서고, 서로가 존중하는 영역이다.
공공성이야말로 민주주의의 기초이다.

오부세는 시민사회의 공공성과 구체적인 민주주의를 실험하며
그 힘을 뽐내고 있는 아름다운 연구소이다.

슬로건을 보고 찾아간 마을

첨벙첨벙~ 목욕탕은 온전히 우리 차지였다.

료칸 주인이 건네준 열쇠를 들고 찾아간 마을 목욕탕엔 돈을 받는 부스는커녕 관리인도 없었다. 머쓱하고 의아했다. "이미 1990년대에 국민소득 3만 달러를 넘긴 일본에 아직 이런 목욕탕이 있네…." 자그마한 탕은 소박하고 깔끔했다. 마음이 자유로워져 긴장도 풀리는 듯했다. 아이들처럼 들떠 동료들과 와자지껄 떠드는데, 벽 너머에서 함께 온 여자 동료들의 목소리가 들린다. 좀 조용히 하란다. 우리네 옛 공중목욕탕이 그랬듯이 남탕과 여탕을 나누는 벽이 천정 아래 50센티미터쯤 띄어져 있다. 목욕을 마치고 나와 보니 탈의실 칠판에 빼곡히 요일별 관리자와 관리 시간이 적혀 있다. 마을사람들이 조를 짜서 청소하고 관리하고 있는 것이다. 마을사람 모두가 탕의 관리 책임자라니. 그 깔끔함도 놀라웠다. 마을이 공동 관리하는 목욕탕은 우리나라에도 있었다고 하지만 이젠 옛이야기로만 전해진다.

2012년 11월 경기도 양평군 서종면에 '서종마을디자인운동본부'가 출범했다. 본부는 이듬해 경기도 마을만들기 지원 공모사업에 선정되어 주민 스스로 마을경관의 마스터플랜을 만들고 실행하는 선진지 견학을 떠났다. 10명의 서종마을디자인운동본부 집행부가 찾아간 곳은 오부세. 동료들은 오부세가 어떤 마을인지도 모른 채 나를 믿고 여정을 맡겼다.

내가 오부세를 찾아간 것은 짧은 슬로건 하나 때문이었다. '밖은 모두의 것, 안은 자신의 것'. 다무라 아키라田村明의 《마을만들기의 발상ま

찾아가는 길

가장 가까운 공항은 고마쓰 공항이다. 고마쓰 공항 운항 수가 적어 여의치 않으면 도쿄의 공항도 좋다. 나가노에서 기차를 갈아타고 오부세 역에서 내린다. 오부세의 주요 경관지역은 고잔 기념관과 호쿠사이 미술관을 둘러싼 지역이다. 오부세 역에서 약 10분 걷는다.

오부세 역

ちづくりの発想》이라는 책에 나온 오부세였다. 마을만들기의 모범으로 꼽히는 오부세의 슬로건은 무엇을 의미하고 있는 것일까.

인천에서 직항으로 고마쓰小松 공항이 더 가까웠지만 항공편이 더 많은 도쿄 나리타를 택해 다시 차로 무려 5시간을 달렸다. 오부세에서 멀지 않은 유다나카湯田中의 작은 료칸에 여장을 풀고 찾아간 마을 목욕탕에서 우리는 마을사람들의 주인의식, 그 단초를 발견할 수 있었다.

료칸에서 기차로 몇 정거장. 처음 만난 오부세는 딱히 인상적이랄 게 없었다. 아담하고 깔끔한 역과 작은 광장, 그뿐이었다. 한국에서 이메일을 주고 받았던 오부세 마을만들기 담당자를 만나러 면사무소로 향했다. 서종마을디자인운동본부는 비영리민간단체NPO라서 공문을 통해 정식으로 방문요청을 하지 못했지만 오부세의 담당자는 우리를 정중하게 환영했다. 그는 5년간 오부세 마을만들기를 담당했다고 했다. 그는 오부세 마을만들기의 시작과 과정, 특징 등에 대해 30여 분간 진지하게 프레젠테이션해 주었다. 담당자의 열정이 얼마나 뜨거운지 마을을 보기도 전에 가슴부터 뛴다. 우리는 담당자와 통역을 번갈아 보며 진지하게 질문과 토론을 이어갔다. 곧이어 현장 안내까지 이어져 그의 점심시간까지 넘기고 있었다. 알고 보니 그는 점심시간 뒤 곧바로 다른 회의가 있어 점심식사도 걸렀단다. 그런데도 그는 연신 오부세를 찾아와 줘 고맙다고 했다. 근래엔 일본 내에서도 견학팀이 자주 찾아온다니 번거롭기도 할 텐데, 그에게선 오로지 오부세의 정신을 알리면 좋겠다는 자부심이 느껴졌다.

오부세의 기적을 만든 세 가지 열쇠. 밤. 화가. 의지

오부세는 일본 나가노長野 현 동북부에 자리잡은 인구 1만 2000명의 마을이다. 그러나 연간 120만 명의 여행객들이 찾아온다. 오부세 인구의 100배가 찾아오는 것이다. 산이나 바다, 강 같은 특별한 자연이 있는 것도 아니지만, 일본 '마을만들기의 교과서'라 불리는 덕분이다. 오부세의 마을만들기 과정을 추적해 온 가와무카이 마사토川向正人는 《오부세, 마을만들기의 기적小布施, まちづくりの奇跡》이라는 책에서 오부세는 사람들이 와서 "산책하며 치유되는 마을"이라고 묘사했다. 산수 맑은 휴양지가 아닌데도 치유되는 마을. 그러니까 마을길이, 마을길을 산책하는 것이 치유가 되는 마을이다.

오늘의 오부세를 만든 것은 주민들이 의지였다. 거리 경관이란 단순히 한 채 한 채의 건축물이 아니라 건축물과 수목, 걷는 거리 등이 어우러져 만들어내는, 사람들이 함께 살아가는 공간의 경관이다. 아키텍처architecture와 비교하여 랜드스케이프landscape라 한다. 일본에서는 단순한 조경造景을 넘어 수경修景이라 부른다. 그 거리경관 만들기, 즉 마을경관 만들기를 주민 스스로 설계하고 실행해 나가는 운동을 마치즈쿠리まちづくり(주민들의 마을만들기)라고 한다.

오부세의 마을경관 만들기가 시작된 것은 1980년. 일본의 현대화, 도시화 과정에서 오부세도 다른 농촌과 마찬가지로 나날이 인구가 줄고 있었다. 정부는 인구가 줄어든 마을들을 통폐합하기로 했다. 오부세도 통폐합의 위기에 처했다. 통폐합을 피하기 위해서는 정부를 설득할 수 있는 확실한 자활책이 필요했다. 오부세의 주민들은 열띤 토론 끝에 정부에 통폐합 거부 의사를 전달하고, 자력으로 마을을 다시

호쿠사이 미술관 앞의 공간은 밤나무로 조성됐다. 밤나무로 바닥을 깐 '밤의 길'. 단단하면서도 포근한 밤나무의 질감이 느껴진다. 시공도 섬세해 요철이 전혀 없다. 가까이서 보면 공예품처럼 느껴지기도 한다.

일으키자고 결의했다.

회의를 거듭하며 주민들은 오부세가 가진 자산을 세 가지로 압축했다. (1) 지역특산물인 밤, (2) 일본이 자랑하는 근대회화의 대표 화가 가쓰시카 호쿠사이葛飾北斎, (3) 오부세 주민들의 의지. 그 가운데 가장 상징적인 재산은 화가 호쿠사이였다. 그러나 더욱 중요한 것은 자신들의 '의지'를 해결의 세 가지 열쇠 가운데 하나로 꼽았다는 점이다. 어느 마을이라고 마을만들기를 할 때 의지가 바탕이 되지 않겠나. 그러나 그들은 주민들의 의지를 마을만들기의 열쇠로 부각시켜 다짐하면서 의지의 추동력을 높였다.

호쿠사이는 일본 근대회화의 양식인 우키요에浮世繪의 대표적인 화가이다. 우키요에는 일본식 풍속화이다. 그 표현방법과 색채가 과감해서 유럽의 인상파 화풍의 탄생에도 영향을 미쳤다. 실제로 인상파 화

호쿠사이의 대표적인 작품 〈붉은 후지산〉. 단호한 선이나 강렬한 색상은 유럽의 인상파 화가들을 놀라게 했다.

가 모네는 당시 일본에서 유럽으로 수출되던 도자기의 포장지 등에서 우키요에들을 보고 강렬한 영향을 받았다고 한다. 호쿠사이의 우키요에 중 〈붉은 후지산〉이나 〈가나가와의 파도〉 등은 일본인들이 아주 자랑스러워하는 그림이다.

사실 호쿠사이는 오부세 출신이 아니다. 오부세의 부유한 상인이던 다카이 고잔이 호쿠사이를 오부세로 초대하여 지낼 곳을 마련하고 마음껏 우키요에를 그리게 한 것이다. 다카이 고잔은 호쿠사이뿐 아니라 여러 화가와 문인들을 초빙하고 그들을 후원하는 노블레스 오블리주 Noblesse Oblige의 문화적 감각을 가진 사람이었다.

행정구역 통폐합의 위기에서 오부세를 어떻게 살려낼 것인가. 오부세 주민들의 실천은 호쿠사이와 다카이 고잔에서 출발했다. 오부세의 중심에 있는 다카이 고잔의 저택을 정비하여 기념관으로 만들고, 호쿠사이가 오부세에서 그린 우키요에들을 전시할 미술관을 세워 마을

다카이 고잔
기념관

가쓰시카 호쿠사이
미술관

의 산책 동선을 만든다는 마스터플랜이었다.

그런데 문제가 있었다. 고잔의 기념관은 고잔의 옛 저택을 활용해야 하는데 진입로가 너무나 좁고 최소한의 주차장 공간도 부족했다. 진입로 주변은 오부세 신용금고 건물과 100년의 역사를 자랑하며 리모델링을 앞둔 오부세의 대표적인 밤과자 가게인 오부세도 건물이 차지하고 있었다. 그 상태로는 다카이 고잔 기념관과 가쓰시카 호쿠사이 미술관을 연결하는 거대한 마스터플랜이 실현되기 어려웠다. 시작부터 난관에 부딪혔다.

이에 오부세 면장도 나섰다. 면장은 주민과 상인대표, 신용금고 이사장, 밤과자점 주인과 함께 수십 차례의 회의를 거듭하며 해결방도를 모색했다. 결국 신용금고 측은 건물의 일부를 잘라내는 손해를 감수하기로 했다. 또한 밤과자점 주인은 도로에서 몇 미터 양보해서 건물을 신축하기로 했다. 주민들의 염원과 설득, 포기하지 않고 지속적으로 기울인 행정의 노력, 신용금고와 밤과자점의 공공을 위한 희생과 양보가 도시의 새로운 미래를 탄생시키는 순간이었다.

토지권리에 대한 공감을 이루어낸 주민들은 이어 도시건축 전문가들에게 재능기부를 호소했다. 도쿄 이과대학 교수들이 대학원생들과 함께 나섰다.

주민과 전문가들의 지속적인 토론은 오부세의 기적을 만들어갔다. 누구든 건물을 신축하거나 개축할 때 오부세 전통가옥의 원형을 살리자는 것, 실개천이 흐르는 골목길을 살려 재창조하자는 것, 오부세의 특산물인 밤나무를 이용하자는 내용 등이 결의됐다. 전통가옥이 줄지어 있고 실개천이 흐르는 골목길을 따라 오부세의 산책 동선을 잇고, 마을길 바닥엔 밤나무를 다듬어 깔자는 것이었다. 도쿄 이과대학은

'오부세 마을만들기연구소'를 만들어 지금까지 15년이 넘도록 오부세 마을만들기를 체계적으로 지원하고 있다. 그들은 단순히 자문역할만 하는 것이 아니라 심지어 대학원생들을 오부세에 파견하여 장기간 묵게 하며 실행 과정에 동참하게 한다.

여행자들이 고잔 기념관으로 들어설 때 만나는 광장과 호쿠사이 미술관으로 가는 길, 전통가옥 사이를 비집고 지나는 또 다른 소로와 미술관 앞 밤의 광장 등 유럽의 유명 거리를 뛰어넘는 멋진 경관은 그 같은 노력 속에 완성되었다. 오부세라는 마을공간 전체가 하나의 작품이 되고, 사람들이 그 길을 걸으며 심신이 치유되는 마을 산책공간이 태어난 것이다.

오부세의 '밤의 길栗の小径'을 걷고 있자면 한 발자국도 무심히 내딛을 수가 없다. 실개천과, 실개천을 꾸민 돌과 나무들의 섬세한 디자인, 그 사이마다 심겨진 소박한 남천의 멋, 타일처럼 바닥에 잘 짜맞춰진 밤나무 조각길 그리고 밤나무에 박힌 나이테들까지 함께 조화를 이루며 길이라는 것이 어떻게 아름다운 작품이 될 수 있는지를 증명하고 있다. 그 길 위에 서니 가슴이 뛰었다. 그날 밤 동료들과 술자리가 깊어갈 무렵 나는 북받치는 그 정체 모를 감정이 나 혼자만의 것이 아님을 느꼈다.

오픈가든, 정원을 열어 공공성을 넓히다

오부세를 두 번째 간 것은 혼자였다. 첫 번째 방문 때 좀 여유 있게 보지 못한 오픈가든open garden을 보기 위해서였다. 오부세 주민들은 자신의 정원마저 산책과 치유의 공간으로 열어놓고 있다.

오픈가든도 주민회의에서 제기됐다. 여행객들의 동선이 개인 주택으로 인하여 군데군데 막히는 곳이 있었기 때문이다. 사적인 공간인 정원을 여행객들에게 개방한다는 것은 결코 쉬운 일이 아니다. 날이 갈수록 개인화되고 프라이버시를 침해받기 싫어하는 것은 당연한 추세이다. 그런데 오부세 주민들은 나를 오부세로 이끌었던 '밖은 모두의 것, 안은 자신의 것', 그 슬로건의 정신마저 뛰어넘고 있었다. '안'의 일부도 내어주며 '공유'하고 있는 것이다.

오픈가든 운동은 영국에서 시작됐다. 사라져 가는 마을공동체를 살리기 위해 사적 공간을 개방하고 공유하자는 운동이었다. 오픈가

오픈가든에 참여한 정원 한가
운데의 저 길을 따라 여행객
들이 자유롭게 지나다닐 수
있다.

든에 참여한 주택들은 외부인들에게 보여줄 자신의 정원을 깔끔하게
다듬고 관리해야 한다. 오부세 주민들은 그런 부담을 기꺼이 감수하
기로 했다.

　현재 오부세에는 약 200여 채의 주택들이 오픈가든에 참여하고 있
다. 오부세 면사무소에선 오픈가든에 참여하는 집들에 표지판을 붙
여 이를 여행객들에게 알린다. 여행객들은 오픈가든 표지가 있는 집
은 자유롭게 구경하며 정원을 통과한다. 참여 주택들의 프라이버시도
보호해야 한다. 정원에서 현관에 가까운 구역엔 "가능한 정숙하여 주
시고, 여기까지만 구경하세요"라는 푯말이 단정하다. 주민이 여행객들
을 위해 자신의 정원을 허용하고 여행객들은 그들의 환대에 감사하며

59번째로 오픈가든에 참여한 집의 팻말. "정원은 조용히 감상해 주세요. 아이 혼자 출입하지 않도록 조심해 주세요"라고 쓰여 있다.

프라이버시를 존중한다.

나는 오픈가든을 지나며 '그래도 외지인들이 자기 정원을 기웃거리면 주인이 달가워하지 않을 거야'라고 생각하고 있었다. 그러나 정원에 나와 있던 웃음 환한 노인을 보며 생각을 바꿨다. "어서오세요. 반갑습니다." 표정과 말투 모두에서 기꺼운 마음이 느껴졌다. 오히려 마음을 풀어헤치지 못하고 있던 나 자신이 쑥스러워진다, 훈훈해진다.

공공성. 비로소 주인이 되는 민주주의

어떤 마을에 주민들이 가축을 자유롭게 방목할 수 있는 공동의 목초지가 있었다. 주민들은 공짜로 쓸 수 있는 이 공유지에 앞다투어 양을 방목하기 시작했고, 얼마 지나지 않아 목초지의 풀은 메말라 버렸다. 주민들은 아무도 더 이상 목초지에서 양을 키울 수 없었다. 미국의 생물학자 개릿 하딘Garrett Hardin이 1968년 〈사이언스〉지에 게재한 유명한 '공유지의 비극The tragedy of the commons' 이론이다.

하딘의 논문이 나왔을 때만 해도 사람들은 역시 인간의 욕심은 제어할 수 없고 공공성은 이상일 뿐 현실로 달성될 수 없다고 생각했다. 그러나 사회가 더 현대화되고 문화가 성숙하면서 하딘에 대한 반대 이론이 대두됐다. 주민들이 공동의 목초지가 메말라가는 과정을 목격하며 협약을 맺고 공동의 이용 효율을 극대화하는 사례를 예를 들기도 했다. 시민사회 구성원들에게 공익적인 사회성이 존재함을 증명한 것이었다.

공공성이란 무엇인가. 인류의 근대화는 한 마디로 자유의 확대 과정이었다. 노예나 소작인으로 지배자의 구속 속에 살던 대다수의 민중이 자유를 획득해 나가는 과정이다. 즉, 근대화 과정은 자유의 개인적 확대 과정이라 할 수 있다. 그러나 수많은 사람들이 함께 모여 살아가야 하는 시민사회는 개인적 자유의 극한적 확대만으로는 유지되기 힘들다. 개인적 자유의 확대 과정은 개인 간 자유의 충돌을 일으키고 그 사이에 공공의 영역을 남긴다. 그 공공의 영역을 어떻게 인식하고 대처해야 하는가가 소위 공공성의 문제이다.

일반적으로 공공의 영역을 개인의 자유를 제한하는 영역이라고 생각하기 쉽다. 그러나 공공의 영역이야말로 개인 모두의 자유가 인정되는 영역이다. 서로 자유로울 수 없는 영역이 아니라, 모두가 자유롭기 위해 필요한 영역이라는 뜻이다. 상대방의 자유를 보장하여 나의 자유도 인정되는 질 높은 자유의 영역. 나는 이런 공공 영역에 대한 올바른 인식과 실천을 공공성이라고 부르고 싶다. 공공성의 영역에서는 모두가 주인이다. 스스로 나서고, 서로가 존중하는 영역이다.

공공성은 민주주의의 기초이다. 근대 초기 자유주의 사조 아래에서는 개인의 자유가 극한적으로 확대되어갔다. 그러나 개인들이 시민사회를 이루고 살기 위해서는 서로 자유의 존중과 공공성의 개념이 필요했고, 민주주의가 정치이념으로 자리잡았다. 민주주의는 구성원 모두의 자유를 목표로 한다. 자유주의가 자유의 개인적 확대를 이념으로 한다면 민주주의는 자유의 개인적 확대뿐 아니라 공공적 확대까지도 목표로 한다.

두 번째 오부세 여행은 나 혼자만의 오롯한 여행이어서인지 긴 여정 속에 많은 생각을 남겼다. 생각의 기초는 늘 '밖은 모두의 것, 안은 자신의 것'에 두었다. 안이 자신의 것이라는 건 당연하다. 그러나 밖이 '내 것이 아닌 것'이 아니라 '모두의 것'이라는 인식이 공공성을 이해하는 기초이다. 오부세 사람들은 공공의 영역을 그들 모두의 것으로 여기며, 모두가 주인으로 살고 있었다.

오부세의 아름다움이 강한 진짜 이유

실개천이 흐르는 소롯한 골목길, 밤나무로 다져진 산책길. 호쿠사이 미술관과 정원. 오부세 마을은 아름답다. 그 아름다움은 오늘도 주민들이 살아가는 '자신들의 생활공간'의 아름다움이다. 단지 한 채 한 채의 아름다움과 달리 마을 전체를 하나의 작품으로 만들어 스스로 위안받으며 산다. 살아가는 공간의 아름다움은 인간의 정서를 아

◀ 호쿠사이 미술관 진입로. 아름다운 건축의 기념품점과 깔끔하게 다듬어진 진입로가 예쁘다.

▶ 오부세의 유명한 밤밥 정식. 20분 이상을 줄서 기다리다가 결국 포기했다.

름답고 평온하게 만든다. 아름다운 마을에서 자라나는 아이들이 조금이라도 더 아름다운 정서를 가지게 되지 않겠나. 의식하지 않는 사이에도 매순간 인간의 정서를 가꾸어 삶을 바꾸어내는 '삶의 공간'은 그래서 그 어떤 아름다움보다 중요하다고 생각한다.

오부세의 아름다움은 강하다. 주민의 100배가 넘는 여행객들의 발길을 불러모을 만큼 힘이 있다. 그 힘은 단지 공간의 아름다움만으로는 설명될 수 없다. 오부세의 아름다움이 힘을 가질 수 있었던 비결은 그 아름다움이 스스로 삶의 공간을 아름답게 만들어내고야 말겠다는 주민들의 강한 의지에서 태어나 성숙했기 때문이다. 주민들이 공공의 영역을 자신의 것으로 인식하고 스스로가 주인으로 나서지 않았다면, 작은 희생을 감내하지 않았다면, 가질 수 없는 힘이었다. 오부세는 시민사회의 공공성과 구체적인 민주주의를 실험하며 그 힘을 뽐내고 있는 아름다운 연구소이다.

참혹한 지진이 데려다 준 부드럽지만 강한 물길

고베 마쓰모토

神戶 松本

지진 복구를 위해 조직된 시민 조직들을 시작으로
전국에 비영리민간단체가 퍼져 나갔다.
언제 다시 닥칠지 모를 지진에 대비해 없던 물길을 만든 것도 대단하지만,
그들은 그 물길을 아름답게도 만들었다.
이제 그 물길이 풀뿌리 민주주의를 상징하고 있다.
공공을 위해 나선 비영리민간단체의 힘이 세세라기 물길을 타고 흐른다.
연인원 2000명이 넘는 주민이 세세라기 물길을 지키는 데 참여한다.

부드럽지만 강한, 작은 힘들이 말한다.
'우리 모두의 손으로 지킨다. 우리의 시냇물'

비영리민간단체의 출발, 고베 대지진

1995년 1월 17일 새벽, 400년 만의 최강이라는 진도 7.3의 대지진이 일본 고베 시를 강타했다. 사망 6434명, 재산피해 10조 엔(당시 일본 총 GDP의 2.5%). 지진의 강도를 표시할 때, 우리나라는 지진의 '규모'를 표시하고 일본은 실제 흔들린 '진도'를 표시한다. 2017년 대한민국의 수능일까지 미루게 했던 포항의 지진이 진도 5.5였다. 진도 1이 높아질 때 지진 에너지가 30배나 높아진다니 고베 대지진이 얼마나 큰 재해였을지 가늠해 볼 수 있다.

지진 복구를 위해 일본의 국력이 총동원되었다. 관공서뿐만 아니라 자위대까지 총동원됐지만 방대하고 참혹하게 파괴된 현장 복구는 행정 당국과 군대, 경찰의 능력으로 모자랐다. 고가도로가 통째로 옆으로 누워 버렸고, 주택가는 모두 파괴되었다. 시민들도 힘을 모았다. 그러나 기존의 주민 조직만으로는 한계가 있었다.

마침내 지역활동에 참가하지 않던 일반 시민들이 나섰다. 참여는 폭발적이었다. 그들에겐 효율적인 지진 복구 조직이 절실했다. 지진 복구를 위해 모였던 조직은 단지 복구 과정뿐 아니라 그 과정에서 얻은 경험과 협동정신을 이어받아 지역을 책임지는 조직으로 발전했다. 1990년대 이후 일본의 지역 자치를 한 차원 높인 그 유명한 특정비영리활동촉진법(일명 NPO법)에 의한 비영리민간단체의 출발이었다.

가장 가까운 공항은 간사이 공항이다. 버스나 기차로 고베 시로 들어간다.
마쓰모토 세세라기의 시작점은 고베 시영전철의 미나토가와 역이나 미나토가와코엔 역을 이용하고, 신나가타 지역 세세라기는 신나가타 역을 이용한다.

미나토가와코엔 역

신나가타 역

물이 없었다. 물길을 내자

고베 시 효고兵庫 구의 마쓰모토 지역. 지진 피해의 중심지였던 그곳으로 나는 실개천이 흐르는 아름다운 거리를 찾아 떠났다. 효고 구의 한가운데 위치한 마쓰모토는 2만 4000여 평의 작은 주택밀집지이다. 지진 직후의 화재로 건물 약 80%가 불타고 16명이 사망한 곳이다. 지진은 건물들을 무너뜨리는 데 그치지 않고 전기 합선 등에 의한 화재로 확대된다.

당시 도심의 파괴된 큰 시설들은 주민들이 맨손으로 복구하기는 어려웠지만 주택가의 피해는 어느 정도 가능했다. 마쓰모토의 주민들은 우리 동네는 우리가 복구한다는 의지로 적극적이었다. 그들은 철거대와 복구대 그리고 보급대 등으로 역할을 나누어 조직적으로 움직였다. 계획에 차질은 없었는지 그날 그날 상황을 평가하며 협동과 효율 그리고 신뢰를 쌓아갔다. 쌓인 신뢰를 바탕으로 그들은 마쓰모토 지구 마을만들기협의회를 구성했다. 그리고는 복구의 효율성뿐 아니라 창조적인 재건을 고민하기 시작했다. 이왕에 재건할 마을, 이참에 창의적으로 재건하자는 취지였다. 그들의 열띤 토론과 참여가 계속되자 고베 시는 마쓰모토 재건계획에 주민협의회의 제안들을 받아들이기로 했다.

협의회의 핵심 제안은 지역을 관통하는 중심도로에 인공 시냇물을 만들자는 것이었다. 마쓰모토의 피해가 커진 원인은 지진으로 수도관이 파열되자 물을 확보하지 못해 제때 화재를 진압하지 못했다는 것이 주민들의 분석이었다. 고베 시는 협의회의 제안을 받아들여 그 실행방안을 주민들과 함께 기술적으로 심도 있게 연구했다. 그 결과 고베 시는 마쓰모토 지구에서 3킬로미터가량 떨어진 하수처리시설을 확충해 고도 하수처리기술을 도입했고, 거기서 처리된 물을 마쓰모토 지구에 흘려보내기로 결정했다.

"모두의 손으로 지킨다. 우리의 시냇물"

오사카 간사이 공항에서 공항버스로 1시간 거리의 고베 번화가 산노미야神戸三宮.

고베는 일본의 몇 안 되는 근대 개항지이다. 일본 근대화의 획을 그은 메이지 유신의 선구자 사카모토 료마坂本龍馬가 일본 최초의 해군학교를 세운 곳이기도 하다. 그런 만큼 고베의 문화적 역사는 깊다. 고베규神戸牛라 불리는 스테이크와 케이크 등 서양 음식이 유명한 곳이기도 하다. 산노미야 역 근처 작은 민박에 짐을 풀고 그날 밤은 고베의 스테이크를 맛보았다. 단 예닐곱 점의 야박해 보이는 양이었지만 고기질은 고급스러웠다.

마쓰모토 거리를 찾아 나선 아침은 화창했다. 물길이 시작되는 곳에서 "마쓰모토 세세라기토오리"라는 표지판이 맞아준다. 세세라기란 시냇물 또는 실개천을 말한다. 시냇물이 흐르는 소리를 따서 만든말이 아닌가 싶다. 길게 1킬로미터 정도 직선으로 이어져 보이는 세세라기 앞에 서자 가슴이 뛰었다.

세세라기는 크게 직선으로 펼쳐져 있지만 물길은 너르다 좁아지고, 휘돌다가 모아지며, 직선에서 곡선으로 이어져갔다. 돌과 나무, 다양한 수초와 관목들, 그 사이에 자리한 다양한 재료와 디자인의 벤치들

아이들이 아빠와 함께 물장난을 친다. 사진을 찍어도 좋겠냐고 물어 보니 아빠가 웃으며 끄덕인다.

이 조화로웠다. 맑은 물엔 간간이 물고기들이 노닐기도 한다. 노인 둘이 벤치에 앉아 쉬는 모습을 사진에 담으려니 겸연쩍어 하며 일어서신다. 그 곁엔 예닐곱 살쯤 되어 보이는 아이 둘이 세세라기에 발을 담그고 물장구를 친다. 아빠가 웃으며 바라보고 있다.

지극히 평범하고 일상적인 그 풍경은 왜 그리 평화롭고 아름다워 보였을까. 우리가 잃어버린 것들은 지극히 평범하여 더없이 소중한 것들. 어쩌면 지상에서 가장 아름다운 것은 인간의 본성이 그리워하는 그 같은 풍경들이 아닐까 싶었다. 우리에게도 아주 가까이에 있었으나 어느새 하염없이 멀어져 버린. 아이들이 물장구치는 세세라기는 단지 지진 대처나 경관용이 아니라 우리 정서의 밑바닥을 위로하며 흐르는

듯했다. 물길도 흐르고 마음도 유유히 흐른다. 도시 한복판에서, 아름다운 선율처럼.

　흐르다 멈추어 보니 깔끔한 표지판 하나가 서 있다. "우리 모두의 손으로 지킨다. 우리의 시냇물"

"우리 모두의 세세라기입니다"라고 쓰인 안내판. 물고기와 수목들을 함께 잘 돌보자는 내용이다.

비영리민간단체의 힘이 일군 아름다움

　고베 대지진을 겪은 지 20여 년. 마쓰모토 세세라기는 평화롭게 흐르고 있지만, 그 물길엔 지진에 무릎 꿇지 않고 더 좋은 마을을 만들겠다는 강인한 정신이 흐르고 있다. 세세라기를 만들던 때부터 오늘까지 연인원 2000명이 넘는 주민이 세세라기 지키기에 참여하고 있다. 마쓰모토 마을만들기협의회 같은 비영리민간단체가 그 토대가 되어 주었다.

그들을 시작으로 일본의 풀뿌리 민주주의 발전에 큰 역할을 한 비영리민간단체 조직이 퍼져 나갔다. 주민에 의한 지진 피해 복구의 경험을 계기로 3년 뒤 1998년, 주민조직들의 마을만들기 참여를 확대하기 위한 특정비영리활동촉진법이 제정됐다.

지진 당시까지만 해도 일본의 지역사회 주민 참여는 전통적 관변조직인 정민회町民會와 자치회를 중심으로 이루어져 왔다. 그러나 고베 대지진 복구 과정에선 그들 조직만으로는 부족했고 새로운 발상과 효율성도 기대하기가 어려웠다. 주민들의 새로운 자율 조직은 변화된 시대가 요구하는 창조적인 발상과 힘을 발휘해 나갔다.

정부는 그 경험을 주민들 스스로 축적하고 이어가도록 법과 제도를 갖춰 성장시키고자 했다. 지역과 사회를 위해 봉사하는 비영리민간단체들에게 세제혜택을 주고 나아가 기업의 기부금을 받을 수 있도록 한 것이 특정비영리활동촉진법의 골자이다. 기부금을 내는 기업에게는 또 그만큼의 세제혜택을 주어 이를 활성화시켰다. 비영리민간단체들의 주요 활동은 마을만들기와 지역 봉사활동. 현재 정부에 등록된 비영리민간단체는 5만여 곳에 달한다. 일본 풀뿌리 민주주의의 실제적인 주역들인 셈이다.

우리나라는 아직도 사정이 달라지지 못했다. 지역사회에 참여하는 주민단체가 이장협의회나 주민자치회, 새마을회 등 관변단체 중심이었음은 일본과 비슷하지만, 21세기를 훌쩍 넘은 지금도 지역의 이슈

시내 주택가 한복판을 흐르는 세세라기. 지진방지용으로 만들었다지만 디자인도 세련되어 아름다운 물길이 되어 흐르고 있다.

와 마을만들기를 위해 활동하는 비영리민간단체는 거의 없다. 대부분이 중앙의 정치 이슈 중심의 단체들뿐이다.

오늘, 사람들이 떠나 사라지는 지방이 있는 반면, 귀촌의 바람으로 이주민이 늘어나 다시 확장해 가는 곳도 많다. 미래는 지방의 생존에 걸려 있다. 지방의 이슈와 마을만들기를 담당할 주민 활동이 필요하다. 우리도 이미 본격적으로 지방자치제도를 실시한 지 20년이 넘었다. 지방자치가 진정한 풀뿌리 민주주의가 되기 위해서는 지방의 다양한 시민단체들이 필요하다.

경기도 양평군 서종면으로 이사 온 지 10년차다. 처음 4년은 서울로 출근하며 단지 좋은 공기를 누리기 위해 서종에 살았다. 그러다 어느

노부부가 세세라기의 벤치에
앉아 한참을 쉬다 다시 길을
나선다.

날 문득 '이 마을은 나의 마을이다', '나는 내 이웃과 함께 살고 있다'
는 각성이 들었고, 뜻이 맞는 이들과 함께 서종마을디자인운동본부
를 결성했다. 이제 6년째를 맞이하고 있는 서종마을디자인운동본부
는 서종면을 중심으로 한 아름다운 마을경관 만들기를 주제로 여러
가지 활동을 하고 있다. 서종마을디자인운동본부는 우리나라에서는
보기 드문 지역 비영리민간단체다. 일본의 마을만들기를 알고 난 뒤에
는 일본 마을들에서도 많이 배우고 있다. 그들과 역사성과 환경, 현실
의 조건들이 다른 우리로선 그들과는 또 다른 고민 속에 새로운 창의
성을 찾아가야 할 일이다.

마쓰모토 세세라기 옆 지구인 신나가타 지구의 세세라기.
마쓰모토 세세라기의 영향으로 고베 시내에는 몇 개의 물길이 더 생겼다.

부드럽지만 강한, 작지만 위대한

세세라기에서 발길을 돌려 고베 대지진의 흔적이 남은 현장을 찾았
다. 고베 항에 있는 지진 메모리얼 파크Port of Kobe Earthquake Memorial Park다. 거
기엔 지진 당시 파괴된 방파제 더미가 보존되어 있었다. 힘없이 쪼개진
육중한 콘크리트 방벽이 그 절반은 물속에 잠겨 있다. 대자연의 위력

고베 항 지진 메모리얼 파크.
파괴된 육중한 콘크리트 더미
들이 그날의 참상을 떠올리
게 한다.

이 전해져 온다. 그러나 그 엄청난 위력에 굴하지 않았던 작은 힘들…. 마쓰모토의 주민들은 지진을 이겨냈고, 언젠가 다시 닥칠지 모를 지진에 대비해 물길을 만들었다. 없던 물길을 만든 것도 대단하지만, 그들은 그 물길을 아름답게도 만들었다.

이제 그 물길이 풀뿌리 민주주의를 상징하고 있다. 공공을 위해 나선 비영리민간단체의 힘이 세세라기 물길을 타고 흐른다. 부드럽지만 강한, 작은 힘들이 일군 아름다움이 흐르고 있다.

태양신이 깃든 신궁의 땅

이세

伊勢

가는 곳마다 발견하게 되는 일본시민들의 자발적인 마을만들기.
과연 평범한 생활인들을 마을만들기로 이끄는 힘은 무엇일까.

매일같이 만물에 깃든 800만 신에 기도하는 그들이니,
신들이 함께 살아가는 환경을 함부로 개발할 수 없었을 것이다.
나무 한 그루, 실개천 한 줄기에도
마음의 정성을 다하는 신도(神道)의 문화가
그들의 공동체와 전통을 이어가고 있다.
그 같은 정신에서 출발한 일본인들의 뛰어난 공공성은
사무라이 정신과 함께 일본의 가장 밑바닥을
탄탄하게 떠받치고 있는 일본의 진정한 힘이다.
그런 일본인들이 조선의 아름다운 토착신앙의 전통은
훼손시켜 버리고 말았다는 사실이 새삼 안타까워진다.

이세 신궁으로 가는 참배길, 오하라이마치

찾아가는 길

나고야 공항을 이용한다. 기차로 이세 시로 이동하면 된다. 이세 외궁은 이세 역에서 걸어 갈 수 있고, 오하라이마치나 내궁은 버스를 타야 한다. 가와사키 지역은 이세 역에서 외궁 반대편이며 걸어 갈 만하다.

오하라이마치

오래된 도시의 정겨운 보행자 거리를 보기 위해 미에 현 이세 시에 있는 오하라이마치ぉはらい町로 향했다. 마침 일본의 연휴였던 터라 오하라이마치는 초입부터 약 1킬로미터의 거리가 사람들로 끝이 안 보일 지경이었다. 청회색의 돌바닥 위로 길게 이어진 흑갈색의 목조건물들에는 공예품점과 카페, 음식점들이 들어서 인파를 맞이하고 있었다.

오하라이마치는 중간에 오카게요코초ぉかげ橫丁라는 작은 상점촌을 두고 있다. 음덕을 입는다는 뜻의 '카게陰'에서 비롯된 이름으로, 요코초란 올망졸망하게 작은 가게들이 즐비한 골목을 말한다. 한편에서는 집단 북춤 공연도 벌어지고 있었다. 사람 구경만으로도 시간이 절로 흐르는 골목길 오카게요코초는 정겨우면서도 품격이 흐른다.

오하라이마치는 이세 신궁 가운데 내궁으로 가는 참배길이다. '하라이'는 액막이나 푸닥거리를 뜻하는 불祓자에서 유래한 지명이다. 이세 신궁을 찾아온 참배객들에게 숙식을 제공하는 건물들이 들어서면서 거리가 형성되었고, 다양한 행사가 펼쳐지는 곳이기도 했다.

오하라이마치가 끝나는 곳에서 이스즈가와五十鈴川 강을 거대한 목조다리 우지바시宇治橋 교를 통해 건너면 그 유명한 이세 신궁이다. 사실 이세 여행계획을 짜면서 가장 염두에 둔 곳은 이세 신궁이었다. 그 건축양식이나 건축미가 궁금하기도 했지만, 일본 여행 내내 사로잡혀 있었던 중요한 궁금증의 한 줄기를 풀어내기 위함이었다.

오늘의 일본 풍경을 만들어낸 그들의 정연한 질서, 인내심 있게 풀어낸 주민들의 자발적인 협의와 민관협력, 그 모든 것들의 기초가 된 공공성 등의 배경에는 그들 삶 속에 배인 무엇인가가 있고, 그 무엇인

이세 신궁 참배길 오하라이마치. 약 1킬로미터에 이르는 참배길은 돌바닥으로 깨끗이 정리되어 있다. 먹거리부터 공예품까지 눈과 입의 요깃거리가 다채로운 보행자 거리다.

가의 핵심에 바로 일본의 생활신앙인 신도가 있지 않을까 하는 궁금증 말이다.

나고야에서 이세로 향하는 기차 속에서 나는 신도 속으로 생각이 빨려들어갔다. '오늘의 일본인들에게 신도는 어떤 의미이고, 어떤 영향을 미치고 있는 걸까'

800만 종류의 神, 일본은 신도의 나라다

최근 일본 문부과학성의 조사에 의하면 일본인의 종교 가운데 신도神道를 믿는 인구가 1억 2000만 명, 불교가 9000만 명, 기독교가 150만 명 정도로 나타났다. 합계가 총인구수를 넘어선 것은 신도와 다른 종교가 중복되는 경우가 많기 때문이다. 더욱이 일본에서 불교는 신도와 뚜렷이 구분되지 않는 면이 많아 실제 신도 인구는 절대적이라 할 수 있다.

신도는 '모든 만물에 영혼이 깃들어 있다'고 믿는, 일종의 자연을 숭배하는 자연발생적인 민속신앙이다. 여기에 죽은 영혼들을 정성스럽게 위로해 화를 피하고 복을 구하는 원령신앙이 곁들어 있다. 해와 달과 나무와 물처럼 눈에 보이는 만물을 향한 것과, 건강의 신, 사업의 신, 출산의 신처럼 눈에 보이지 않는 조상들의 영혼의 힘을 믿는 신앙이 결합되어 있는 것이다. 대자연과 보이지 않는 영혼의 세계에 대한 경외심을 가지고 그 모두를 신으로 추앙했다는 점에서 인류에게 종교의 출발은 크게 다르지 않았던 듯하다. 그러나 그것이 세월이 흐르면서 민족과 지역마다 조금씩 달라져 갔다.

우리가 토속신앙을 미신이라는 이름으로 저버리고 불교, 기독교 등 대규모의 종교를 중심으로 조직화되고 체계화되는 사이에, 일본은 지금도 수많은 가정과 골목 어귀에 신단을 차려놓고 아침저녁으로 만물의 신께 예를 올린다. 한 번 절하고 두 번 박수 치고 다시 두 번 절하는 一拜二拍手二拜 식이다.

또한 12만 개소에 이르는 신사神社를 세우고 800만 종에 달하는 신을 섬긴다. 생활에 깊이 스며들어 그들의 가치체계 및 관습과 여러 행동양식을 만들어온 신도는 넓은 의미에서는 생활에 밀착된 전통문화로 여겨지기도 한다.

신도는 주위의 만물에 깃든 영혼과 전통적으로 함께해 온 조상의 영혼에 대한 경외심을 기초로 하기에 마을 공동체의 유지에도 크게 기여해 왔다. 나아가 800만의 신에 대한 경외심을 모두 존중함으로써 유일신과는 달리 서로의 다양성을 인정하는 일본식 톨레랑스^{tolérance}의 기초가 되기도 했다. 톨레랑스는 서로의 이념이나 사상, 학문과 신앙 등을 존중하고 관용하는 민주주의와 공공성의 토대이다.

신도가 정치적으로 변질된 경우도 있다. 19세기 중반 서구 열강이 밀어닥치자 일본은 그들의 정체성을 지키며 국민을 하나로 모아야 하는 국민통합의 원리가 필요했다. 만물에 깃든 영혼이 모두 신이지만 신들 사이에 위계를 두고 그 정점에 덴노^{天皇}가 있다고 조작했다. 당시의 헌법에 덴노가 신의 아들임을 명시할 정도였다. 전통 '신도'와는 구분되는 이른바 '국가신도'이다.

근대화에 열을 올리며 군국주의를 가속화하던 그들에게 국가신도는 태평양전쟁을 일으키는 근거가 되어 주었다. 때마다 시끄러운, 우리가 익히 아는 야스쿠니 신사는 국가신도의 이념으로 생겨나 전쟁신을 모시는 신사이다. 그러나 국가신도는 그 이후 전쟁에 대한 반성과 함께 일부 국가주의 정치세력 이외의 일반 국민에게는 별반 영향을 미치지 못하고, 일본인들은 여전히 800만의 신과 함께 살아가고 있다.

이세 신궁. 거대한 숲에 태양신이 있다

신사들 중에 품격과 규모를 떨치는 신사를 따로 신궁^{神宮}이라 부른다. 그 가운데 으뜸으로 치는 것이 이세에 있는 신궁이다. 신궁은 태양신을 모시는 곳이다.

이세 신궁은 수십만 평의 숲속에 있다. 산림 모두가 신궁 영역이지만 막상 신궁 자체의 규모는 기대보다 훨씬 작고 소박했다. 태양의 신

이세 신궁

이 거대한 숲속에 내려앉아 그 신령함을 숨기고 있는 은밀한 공간 같아 보인다. 울창한 숲속에는 신궁과 부속 건물 이외에는 일체의 시설이 없으며 어떠한 상업행위도 없다. 말하자면 우지바시 교를 가운데 두고 오밀조밀 상점들이 밀집한 오하라이마치는 인간 세상의 즐거움이 있는 곳이고, 반대편 이세 신궁의 너른 숲은 신들이 하늘에서 내려와 머무는 엄숙한 곳으로 뚜렷하게 구분해 놓은 듯했다.

몇 개의 거대한 도리이鳥居(신사 입구에 있는 홍살문 모양의 문)를 거치고 약 1킬로미터의 숲을 걸었을까. 그렇지만 막상 도착한 이세 신궁의 정궁正宮은 멀리서만 볼 수 있었다. 본전 건물을 사진에 담는 것도 금지되어 있다. 엄숙하고 신비한 분위기를 강조하려는 듯 규율이 까다롭다.

이세 신궁은 가와고에川越市와 마나즈루真鶴町의 마을만들기 콘셉트의 기초를 제공한 건축 철학자 크리스토퍼 알렉산더Christoper Wolfgang Alexander가 세계 최고의 건축물로 극찬한 곳이다. 처음에 인터넷에서 사진으로 본 이세 신궁은 내게 일종의 충격을 주었다. 소박한 초가지붕의 목조건물 위에 장엄한 금빛 구조물이 올라 앉아 있는 모습은 소박하면서도 장엄하여 묘한 느낌을 주었기 때문이다.

다행히 멀리서나마 특유의 건축양식을 엿볼 수 있었다. 하늘에서 신이 내려와 머무는 곳이라는 느낌을 애써 느끼며 심취해 보았다. 어떻게 해서 저런 건축양식이 생겨났을까도 여러모로 생각해 보았다.

이런저런 생각 끝에 문득 떠오른 건축물이 있었다. 기후현의 시라카와고白川郷에서 보았던 일본식 전통 초가집 갓쇼즈쿠리合掌造り였다. 그제서야 크리스토퍼 알렉산더가 극찬한 연유가 조금이나마 이해되었다. 갓쇼즈쿠리는 억새를 두껍게 쌓아 초가지붕을 삼는 전통가옥을 말한

▲ 이세 신궁 별궁. 이세 신궁 내궁은 사진촬영이 금지되어 있어 근처에 있는 별궁을 촬영했다. 별궁도 내궁과 건축양식은 같다. 갓쇼즈쿠리의 지붕과 닮아 있다.

▶ 기후 현 시라카와고의 전통 초가집 갓쇼즈쿠리. 시라카와고는 전통건축물의 집단지구로 1995년 유네스코 세계문화유산으로 지정되었다.

다. 굳이 시라카와고가 아니더라도 일본의 북부로부터 남쪽지방까지 폭넓게 볼 수 있다. 이세 신궁은 바로 그 갓쇼즈쿠리의 지붕을 기초로 하고 있다. 일반 민가와 달리 지붕의 용마루 위로 금빛 장식물을 입혀 위세를 드러냈다는 차이는 있으나 민가 전통의 갓쇼즈쿠리의 재료와 구조를 기본으로 하고 있다. 신이 머무는 곳이라 해서 특별한 무엇이 아니라 민가의 건축방식을 기본으로 하여 신령스런 장식을 보탠 것으로, 크리스토퍼 알렉산더가 그토록 강조하는 생활 속에서 발현되는 '무명無名의 특성'이 강하게 발휘된 공간이었다.

그리고 오늘, 태양신의 공간 이세 신궁은 주민들이 일구어낸 거리를 통해 그 무명의 아름다움을 더 하고 있다. 오하라이마치가 거기에 있는 것이다.

무명의 아름다움을 되찾은 오하라이마치

약 1킬로미터에 이르는 오하라이마치는 에도 시대에 연간 400만 명에 이르는 참배객들이 북적이며 걷던 거리였다. 그러나 현대화 과정에서 점차 밀려드는 차량 때문에 참배길로서의 면모가 사라지고 차량과 사람이 뒤엉킨 낡고 혼잡한 거리가 되어갔다. 참배객은 오히려 줄어들었으며, 줄어든 참배객들은 주차장에 차를 세우고 신궁만 참배한 뒤 오하라이는 거치지도 않고 떠나가 버렸다.

그런 오하라이마치를 오늘의 활기찬 보행자 거리로 되살리는 노력이 시작된 것은 1979년. 오하라이마치의 재생사업은 상가의 젊은 주민들을 중심으로 한 내궁문전재개발위원회에 의해 출발했다. 시민이 주

쓰마이리 양식의 건물. 건물의 좁은 면을 길 쪽으로 배치해서 출입문이 나 있다. 건물은 안쪽으로 길쭉한 구조이다.

체가 되어 추진한 좋은 사례로 꼽는다.

이세 신궁은 20년마다 한 번씩 신궁을 개축하는 식년천궁式年遷宮 행사를 하는데, 주민들은 다음 개축이 예정되어 있던 1993년까지 오하라이마치를 완전히 재생한다는 목표를 세우고 행정 당국과 협의에 들어갔다. 그들은 시에 청원운동을 벌여 보존과 재개발에 관한 조례를 얻어내고, 나아가 금융기관과도 협의하여 오하라이마치의 고유한 건축양식을 보존하며 개축할 경우 저리의 대출도 가능하도록 했다.

오하라이마치의 재생사업은 크게 두 가지 원칙을 목표로 했다. 우선은 오하라이 지역 내 건물들의 전통적 건축양식인 쓰마이리妻入り 방식을 유지한다는 원칙이다. 쓰마이리란 거리를 향하여 건물의 넓은 면

을 앞히고 거기에 출입구를 내는 일반적인 방식의 건축이 아니라, 건물의 좁은 면을 거리 쪽으로 앉혀 건물을 길죽하게 건축하고 그 좁은 면에 출입구를 내는 독특한 전통방식이다. 그럴 경우 거리에 건물을 좀 더 여러 채 빼곡히 앉힐 수 있다. 건물이 주는 위압감도 덜하다. 신궁으로 들어가는 참배길이기 때문에 건물을 최대한 소박하게 건축하려는 의도가 아니었을까 싶다. 둘째로 거리의 바닥을 넓은 돌판으로 까는 이시타다미石疊 사업이었다. 이시타다미는 역사적 거리의 보존에 많이 쓰이는 방식인데, 길바닥을 돌판으로 깔면 옛 거리의 맛을 살릴 수 있고, 차가 다니더라도 속도를 현저히 낮추게 하는 효과가 있다.

1979년에 시작된 재개발위원회의 노력으로 몇 년 뒤 시의회에서 청원서를 채택했다. 1987년에는 재개발을 위한 조사보고서와 함께 거리 구상이 완성되었다. 1989년에는 문전거리보존 조례가 제정되고, 1992년에는 전선지중화, 1993년엔 바닥의 이시타다미 포장이 완료되었다.

그리고 이듬해 오하라이마치가 준공되었다.

때를 맞추어 오하라이마치와 평행으로 도시계획도로도 별도 조성
되었다. 차량의 대부분이 새 도로로 흡수되고 오하라이마치는 아름다
운 보행자 거리로 거듭났다.

자발적인 마을만들기에 깃든 800만 神을 향한 정성

오하라이마치의 재생사업을 주도한 내궁문전재개발위원회는 1994
년 사업을 완료하고 '이세 오하라이 마을회의'로 이름을 바꾸었다. 마
을 재생사업의 경험을 계승한 이세 시민들은 지역별로 마을만들기 조
직을 구성했고 현재에도 서로 연대하며 활발히 활동하고 있다. 이세
신궁의 외궁 쪽으로는 '외궁참배길발전회', 이스즈가와 강 상류의 가

오하라이마치 거리재생사업
의 전(좌)과 후(우). 재생사업
의 성과가 확연하게 보인다.
(사진: 이세 시 홈페이지)

와사키河崎 지역에는 '이세 가와사키의 역사와 문화를 지키는 모임' 등
이 활동 중이다.

가와사키는 에도 시대 이세 신궁과 신궁 참배객들에게 필요한 물자
를 실어나르던 중요한 수로가 있던 지역이었다. 육상교통이 발전하면
서 점점 그 필요성이 사라졌지만 가와사키 주민들은 전통가옥 보존운
동을 펼쳐 지금은 전통가옥을 이용한 세련된 카페와 음식점들이 성업
중이다. 이세 신궁 쪽도 좋지만 저물녘 이자카야를 찾을 때는 오히려
가와사키 지역이 더 매력적이다.

이세의 마을만들기 조직들은 마을만들기협의회를 구성하고 정기적
인 모임을 통해 공익활동에 관한 정보를 공유한다. 마을만들기의 교
본을 만들거나, 새로운 조직을 육성·지원하고, 공공의 공간을 공동 관
리하며, 공동체 이벤트를 개최하는 등 시민이 주체적으로 이끌어가는
마을만들기에 적극적이다.

가는 곳마다 발견하게 되는 주민들의 자발적인 마을만들기. 과연
일본의 평범한 생활인들을 마을만들기라는 공공의 영역으로 이끄는
힘은 무엇일까.

오늘도 일본인들은 집집마다 모셔둔 신단과 동네 어귀의 무수한 신
단들, 그리고 수많은 신사들과 신궁을 향해 아침저녁으로 기도한다.
만물에 깃든 800만 신에 대한 경외심이 그들 삶에 그토록 꽉 차 있는
데, 신들이 함께 살아가는 그 환경을 언감생심 함부로 개발할 수 있
을까. 개발과 변형보다는 최대한 보존을 선택하는 것은 지극히 자연
스런 이치일 것이다.

자신이 살아가는 공간에 있는 나무 한 그루, 실개천 한 줄기, 돌판
하나에도 마음의 정성을 다하는 신도의 문화가 그들의 공동체와 전통

을 이어가고 있다. 그 같은 정신에서 출발한 일본인들의 뛰어난 공공성은 사무라이 정신과 함께 일본의 가장 밑바닥을 탄탄하게 떠받치고 있는 일본의 진정한 힘이 아닐 수 없다.

그런 일본인들이 우리의 아름다운 토착신앙의 전통은 훼손시켜 버리고 말았다는 사실이 새삼 안타까워진다.

이세 시는 내궁과 외궁 2개의 정궁 이외에도 120개가 넘는 별궁과 말사들이 곳곳에 산재된 도시다. 오래된 향기가 흐르면서도 거리는 말끔하고 쾌적하다. 아침 일찍부터 이세 신궁의 외궁과 내궁 그리고 별궁 몇 곳을 둘러보고, 오하라이마치를 실컷 기웃거렸다. 저녁 무렵 가와사키 지역을 걷다가 다리품을 쉴 이자카야를 찾을 때쯤 오래된 거리에 가로등이 켜지기 시작했다.

자연은 신이 만들고 도시는 인간이 만들었다는 말이 있다. 신이 만든 자연의 품이 아늑한 것은 물론이지만, 인간이 만든 작품이라는 도시도 시간과 노력이 두텁게 쌓이고 나니 더없이 평화로웠다. 더구나 인간을 지켜주는 무수한 신들이 함께하는 도시. 그 신들의 가호 속에서 이세 시민들은 자신들의 도시를 소박하게 지켜왔다. 신과 인간이 함께하는 도시를 만들었다. 신도가 바탕이 된 공공성의 힘으로.

제 2장

아름다움은
'자기다움' 속에 있다

가와고에·마나즈루 | 히다후루카와 | 가네야마

'무명의 그 무엇'이라는 멋

가와고에·마나즈루

川越·真鶴

마나즈루 주민들은 '영원의 건축'에 깊이 공감했다.
영원의 건축이란 오래 전부터 거기서 살아온 사람들의
내면에 간직된 '무명의 그 무엇'.
우리 내면에서 비롯되는 보통의 그것.
뛰어난 건축가나 예술가가 만들어내는 미학이 아니라,
바로 그곳에서 살아왔고 살고 있으며
살아 갈 사람들이 만들어내는 아름다운 공간.

마을의 땅값은 치솟지 않더라도, 무명의 그것을 원칙 삼아
마을을 지켜나가기로 한 마나즈루에서
바로 일본의 마을들을 바꿔놓은 그 유명한 '미의 조례'가 태어났다.
아름다움을 법으로 명시한 것이다.
더욱이 '마을공동체와의 조화'가 미를 발현시켰다는 것은
흥미롭고도 주체적으로 느껴진다.
그들의 마을만들기 기본원칙은 '마나즈루다움'이다.

패턴 랭귀지

《패턴 랭귀지*A Pattern Language*》. 개별 건축물 단위를 넘어 도시와 마을 등의 전체 경관을 다루는 미국 건축가 크리스토퍼 알렉산더의 책이다. 하나의 지점에서 바라보이는 건축물과 조형물들을 서로의 관계나 지형, 자연 배경 등과 함께 어우러지도록 설계하는 경관학을 다루고 있다.

한 지역의 경관은 그곳에서 생활하는 사람들의 정체성과 정서에 필수적으로 영향을 준다. 내가 어떤 공간, 어떤 마을에서 사는가 하는 것은 그의 삶의 상당한 부분을 구성하고 결정한다. 경관학은 공동체 거주 공간을 다루는 생활미학이다.

크리스토퍼 알렉산더는 공동체 공간의 거리 미학을 연구한 대표적인 건축가다. 사실 건축학계에서 그는 건축가라기보다는 미학철학자에 가깝다고 평가된다. '패턴 랭귀지'는 그의 건축이론을 일컫는 용어이기도 하다. 단어 하나하나가 모여서 문장을 이루고 시를 만들어내듯 공간도 그 지역의 여러 가지 생활 패턴들이 모여서 구성된다는 이론이다. 가로 설계나 경관 설계 등의 기초를 다루고 있는 '패턴 랭귀지'는 253개의 세부적이고 기술적인 패턴들을 제시하고 있다. 이는 서구에서 뿐만 아니라 일본에도 도입되어 실제로 적용되었다. 그 대표적인 마을이 가와고에와 마나즈루이다.

찾아가는 길

도쿄에서 기차로 약 1시간 간
다. 가와고에시 역에서 내려
나카초로 가는 버스를 타는
것이 좋다. 버스로는 5분이지
만 걷기엔 다소 멀다.

가와고에 역

도시경관상을 휩쓴 역사도시 가와고에

도쿄에서 약 1시간 거리의 사이타마埼玉 현 가와고에는 역사도시로
서 도시경관 및 도시계획과 관련된 상을 휩쓴 곳이다. 일본의 전통적
건조물군 보존지구로 지정되어 있다. 에도 시대에 도쿄에서 사용되는
물자들의 도매상이 줄지어 있던 곳이라 '작은 에도'라고도 불린다. 그
중에서도 가와고에 일번가라고 불리는 보존지구는 입구에 들어서자
마자 엄청난 전통건축물들이 시야를 압도한다. 구라藏(창고)라 불리는
거대한 옛 상가 건축물들이다.

일본디자인진흥재단이 주는 '굿디자인상', 정부가 수여하는 '도시경
관대상'과 '역사 마치즈쿠리상', 심지어는 프랑스 건축학회로부터도
'건축의 미래 프로젝트상Architectural Review Future Projects Awards'을 받았다.

그 역사성과 아름다움을 만나기 위해 현재 연간 600만 명이 가와고
에를 찾는다. 장엄한 지붕 구조와 검정 회반죽으로 마무리한 위엄 있
는 상가와 창고 건물들. 가와고에는 에도의 관문으로 각 지방과 교류
하는 상품들이 거래되던 규모 있는 상업지구였다. 거상들이 많았고 건
축물들의 규모도 컸다. 그런데 근대화 과정에서 기차역이 현재의 건조
물 보존지구인 가와고에 일번가에서 멀리 떨어진 곳에 들어서게 되었
다. 교통의 중심이 이동하자 상가마을은 쇠퇴했고 아예 철거될 운명에
처했다. 신시가지를 중심으로 본다면 전면적으로 재개발하여 아파트
단지로 조성하기에 딱 좋은 지역이었던 셈이다. 그러니 그 거리가 현재
의 모습으로 보존되기까진 단순치 않은 역사가 있었다.

1970년대 중반은 일본 지식인들 사이에서 경제 성장과 도시화 과정
에 대한 반성이 시작된 시기였다. 우리나라의 경우 1993년 유홍준의

《나의 문화유산 답사기》가 출간되면서 문화유산의 보존과 계승에 대한 각성이 일기 시작했다면, 일본은 그보다 20년 앞서 전통적 문화유산을 보존해야 한다는 지식인들의 각성과 이를 제도화하는 다양한 정책이 펼쳐지기 시작했다.

위기를 맞은 가와고에도 그 같은 물결의 덕을 보았다. 철거가 논의되던 1974년경 일본건축학회, 도시계획학회, 예술가 등이 모인 전문가 그룹과 가와고에 청년회의소, 상공회의소, 심지어 시청 직원까지 포함한 NPO법인 '가와고에 구라 모임'을 결성하고, 다른 한편으로 상인들이 상가위원회를 조직해 힘을 보태면서 오늘의 가와고에가 형성되는 길을 열었다. 그들은 당시 일본 학계에 퍼져나가고 있던 패턴 랭귀지

가와고에 일번가 시
작 지점

시간의 종

이론을 적용하여 가와고에의 생활과 역사 속에 담긴 특성을 지키면서
도 문화적으로 세련된 거리 경관을 조성하고자 계획했다. 가와고에의
상인 및 주민협의회는 전문가들과 함께 구라가 늘어선 가와고에 일번
가의 경관 개선 문제를 두고 머리를 맞대었다.

가와고에 보존구역은 가와고에 역에서 좀 멀어 버스를 타는 것이 좋
다. 일번가에 내려서 보존지구에 들어서면 약 500미터의 직선거리에
늘어선 육중한 창고식 건물인 구라들이 한눈에 들어온다. 육중한 구
라들은 이제 모두 상가이다. 저마다 관광객들이 빼곡히 몰려 있다. 구
라의 높이는 요즘의 3-4층 건물 높이. 고개를 치켜들고 좌우의 구라
들을 둘러보며 사람들 사이를 비집고 나아갔다. 에도 시대의 육중한
구라들이 늘어선 500여 미터의 거리는 거대한 역사드라마 세트장 같
았다. 1700년대 말과 1800년대 초반 대부분 불에 강한 흙벽으로 지어
졌다. 잦은 화재 때문이었다. 상가들에서는 주로 공예품을 팔고 있다.
일번가 안에서 음식점은 그다지 눈에 띄지 않는다.

일번가의 중간쯤에 있는 골목 속엔 '시간의 종時の鐘'이 랜드마크처
럼 서 있다. 3층 구조로 된 16미터 높이의 종루다. 줄을 당기는 기계
식 종인데, 지금도 오전 6시와 정오, 오후 3시와 6시 네 차례 종을 쳐
서 주민들에게 시간을 알린다. 시간의 종은 나에게 300년 전의 거리
로 시간 여행을 보내주는 듯했다. 나는 그곳에 두 번 갔고, 두 번째
는 관광객이 많지 않은 추운 평일날이었으니 화려하지도 번잡하지도
않은 시간 여행이었다. 일본 전통 목조건축물의 경연장인 가와고에로
향했던 시간 여행. 그 속에서 만난 일본인들은 자신들의 뿌리에 닿아
있는 듯했다.

일번가 거리 중간쯤에 있는 '시간의 종'. 누구나 들러가는 랜드마크다. 오전 6시와 12시, 오후 3시와 6시 네 차례 송을 친다.

'영원의 건축'에 담긴 '사람의 공간'에 대한 철학

《패턴 랭귀지》에서 크리스토퍼 알렉산더는 경관 설계에 고려해야 할 정신적이고 기술적인 패턴의 요건들을 자세하게 기술하고 있지만, 그 패턴들의 바탕에는 어떤 근원과 철학이 흐르고 있다고 말한다. 그것은 그의 또 다른 대표 저서인 《영원의 건축 *The Timeless Way of Building*》에 담겨 있다.

그는 건축과 공간의 아름다움을 결정하는 어떤 '영원한 요소'가 존재한다고 말한다. 아름다움에 대한 인식이 주관적이라고 해서 아름다움을 평가할 어떤 기준도 세울 수 없다고 방치하는 흐름에 대해서 줄곧 불만이었던 나로서는 미의 근원과 기준을 철학적으로 파헤쳐 나가는 영원의 건축에 심취했다. 그는 공간의 아름다움을 만들어내는 모든 패턴들의 근원이 되는 것은 뭐라 단정적으로 표현할 수 없는 '무명無名의 그 무엇'이라고 했다.

무명의 그것은 우리 마음속에 이미 오래 전부터 자리잡고 있는 자유로움, 열정에서 발현된다고 한다. 그에 따르면 우리는 이미 오랫동안 살아온 그 공간의 힘과 생활의 특성으로 말미암아 자신의 내면에 무명의 특성을 간직하고 있다. 해서 우리의 삶을 가장 자유롭게 풀어놓고 내면의 의도적인 힘을 느슨하게 내려놓기만 한다면, 그래서 은근하면서도 지극히 열정적일 수만 있다면, 아름다움은 스스로 발현된다는 것이다. 말하자면 애써 아름다워지려고 억지노력을 할 것이 아니라 오히려 우리가 살아온 친숙한 것들을 진심으로 다듬어내기만 한다면 진정한 아름다움은 자연스럽게 발휘되어 나온다는 것이다.

결국 천재적이거나 위대한 건축가가 공간을 아름답게 만드는 것이 아니라, 우리 내면으로부터 발현된 보통의 그것, 무명의 특성이 발현되어질 때 가장 아름다운 공간을 만들어낼 수 있다는 주장이다. 의도된 노력은 오히려 무명의 특성을 상실케 한다. 근대화 과정에서 수많은 건축가들이 오히려 무명의 특성을 무시하고 의도된 것, 즉 왜곡된 현란함들을 생산해 왔다는 것이다. 그 무명의 특성을 굳이 표현하자면 생명력alive, 편안함comfortable, 자유로움free, 무아egoless 그리고 영원성eternal 등이다.

《영원의 건축》은 단순히 건축학 서적이 아니다. 특히나 사람이 살아가는 공간의 아름다움을 찾아다니는 나에게는 마음 깊숙이 다가오는 미학의 가르침이었다. 뛰어난 건축가나 예술가가 만들어내는 공간의 미학이 아니라, 바로 그곳에서 살아왔고 살고 있는, 그곳에서 살아 갈 사람들이 만들어내는 아름다운 공간. 그것이 바로 진실된 최고의 아름다움이라고 말하는 영원의 건축은 내 머리와 가슴속에 뚜렷한 기준이 되고 철학이 되었다. 옳다, 마을은 그래야 한다. 마을만들기 또한 그래야 한다.

특별하지 않아 특별한 마을, 마나즈루

크리스토퍼 알렉산더의 '영원의 건축'과 '패턴 랭귀지'가 일본의 마을만들기에 적용된 또 다른 예가 마나즈루다. 육중한 전통건축물이라는 큰 재산을 가진 가와고에와 비교할 때 오히려 지극히 평범한 마을이어서 더 의미가 있는 곳. 마나즈루는 가나가와神奈川 현에 짧은 꼬리처럼 붙은 인구 7000명가량의 어촌마을이다.

도쿄에서 기차를 타고 두 시간 가까이 졸다 깨다를 반복하다 도착한 마나즈루 역은 평범하기 그지없었다. 바닷가로 향하는 20여 분의 거리도 그러했다. 풍부한 어족자원 외에는 내세울 만한 별다른 역사적 유산이나 경관도 없다. 우리 동해안의 어촌에서 흔히 볼 수 있듯이 항구를 둘러싸고 산자락에 들어선 마을이 전부다. 바닷가에서 마을을 바라보면 집들이 둘러싼 산동네가 한눈에 들어 온다. 항구 역시 색다른 게 보이지 않았다. 그저 깔끔한 항구일 뿐. 생선이 싱싱한 곳인데도 내로라하는 큰 횟집도 없다. 드문드문 보이는 횟집도 단층의 평범하고 소박한 일본식 목조건물이다.

하지만 그 같은 마나즈루에서 바로 일본의 마을들을 바꿔놓은 그 유명한 '미의 조례'가 태어났다.

찾아가는 길

도쿄에서 기차로 약 2시간 간다. 마나즈루 역에서 내려 바닷가 쪽으로 내려가면 해안가에서 올려다보는 마을 전경을 볼 수 있고, 항구로 내려가다가 중간쯤에서 언덕길로 올라서면 마을 전경을 내려다볼 수 있다. 언덕길로 올라가는 길은 미요시료칸 방향이다. 천천히 산책하면 된다.

마나즈루 역

바다 쪽에서 본 마나즈루의 전경. 언뜻 보기엔 어디서나 볼 수 있는 평범한 항구마을이다.

'미의 조례', 아름다움을 법으로 명시하다

개발의 열풍 속에서 마나즈루 주변의 도시들에는 리조트와 맨션들이 들어섰다. 아름다운 바다를 끼고 있는 마나즈루도 리조트가 개발되기에 적당한 곳이었다. 실제로 개발계획이 시도되기도 했다. 소박하고 평화로운 마을을 지켜오던 주민들은 마나즈루 출신의 면사무소 공무원들과 함께 고민하기 시작했다. 그들은 자신들의 고향을 있는 그대로의 자연스러운 풍경으로 지켜내기로 마음먹고 전문가의 조언을 구했다. 그렇게 해서 만난 것이 '영원의 건축'이었다.

주민들은 '영원의 건축'이 말하는 '그 마을에 면면이 흘러내려 온 무명의 그 무엇'이 마을의 경관을 만드는 핵심이라는 데에 깊이 동감했다. 오랜 세월 마나즈루는 이미 그렇게 만들어진 결과물이었고, 그들은 미래에도 그런 마을이 되고자 했다.

크리스토퍼 알렉산더의 철학에 공감한 주민들은 새로운 상업시설이나 리조트, 맨션처럼 마을을 급변하게 하는 시설들을 마을에 들이지 않겠다고 결정했다. 마을의 땅값은 오르지 않겠지만 자신들이 살아온 풍경을 유지시켜 온 무명의 그것을 원칙으로 삼아 마을경관과 공동체를 지켜나가기로 했다.

주민들은 1960년대 영국의 찰스 황태자가 '건축의 10원칙'을 천명해 영국의 경관을 지켜냈다는 사실에 자극받아 마나즈루만의 마을만들기 조례를 제정하기로 했다. 찰스 황태자의 '건축의 10원칙'은 그가 영국 전통의 건축물과 경관들이 사라지는 것을 우려하며 《영국의 미래상A Vision of Britain》이라는 책을 통해 발표한 영국 건축의 중요 원칙이었다.

마나즈루의 마을만들기 조례 '미의 기준'. 미의 조례로 알려져 있다.

그렇게 해서 나온 마나즈루의 마을만들기 조례가 일명 '미의 조례'이다. 이 유명한 조례는 두 가지 점에서 특별했다. 당시까지 읍·면 단위는 시·군 단위에 종속적인 행정 단위여서 싫건 좋건 시·군의 조례나 방침을 따라야 했지만 마나즈루는 그들만의 조례를 제정한 것이다. 두 번째 특이점이라면 바로 그 조례 속에 마을을 만드는 미의 기준과 원칙을 제시한 점이다.

사실 추상적이고 예술적인 개념인 '미'의 기준과 원칙을 법령에 규정한다는 것은 이례적인 일이다. 건축에 관한 권리와 의무를 명시하거나 건축물에 관한 여러 가지 기준을 명시하는 것은 당연하지만, 다분히 주관적일 수 있는 미의 기준을 법령에 명시한다는 것은 전무후무한 일이었다.

미의 조례라 불리는 마나즈루의 마을만들기 조례는 제10조에 여덟 가지의 미의 기준 내지 원칙을 제시하고 있다. 그리고 세칙에 69개의 디자인 코드도 제시한다. 여덟 가지의 미의 원칙은 장소, 건축물, 척도, 조화, 재료, 장식과 예술, 커뮤니티, 조망 등이다. 건축이나 경관이 어떤 멋을 부린다고 아름다운 것이 아니라, 어디에 어떤 크기로 어떻게 조화시켜야 하는지, 공동체에 기여하는지 등에 따라 아름다움이 발현된다는 것이다. '마을공동체와의 조화'가 미를 발현시키는 요소로 등장한다는 것이 흥미롭고도 주체적으로 느껴진다. 영원의 건축에서 말하는 공동체 생활공간에 쌓여 온 무명의 그것들이 마나즈루에서 발현되는 순간이었다.

　역에서부터 바닷가를 한 바퀴 둘러 료칸에 여장을 풀고 한숨을 돌린 다음에야 비로소 몇 시간 동안 둘러본 마나즈루의 총체적 인상이 언뜻 영원의 건축과 연결되기 시작했다. 특별한 것이 아무 것도 없다는 것이 바로 특별한 것이었다. 크리스토퍼의 영원의 건축이 적용된 곳이니 무엇인가 특별한 것이 있을 것이라고 생각하며 목적의식을 갖고 그것을 찾으려 했던 내가 어리석었다. 평범함의 귀함을 잊고 특별한 것이 아니면 주목하지 않는 현대인의 습성이다. 그렇다. 마나즈루에는 그 흔한 대형마트 하나 보이지 않았다. 물론 리조트나 펜션도 없다. 그저 면 단위의 평범하기 그지없는 마을일 뿐이다. 이것은 무엇인가… 마을만들기 과정에 그럼 무엇을 했다는 것일까.

　그런데 바닷가에서 한눈에 들어오는 산동네를 물끄러미 보고 있자니 서서히 무엇인가 눈에 들어오는 것이 있었다. 산동네에는 1층이나 2층의 소박한 집들이 빼곡히 들어서 있는데, 알록달록한 지붕의 집들은 다른 집의 전망을 해치지 않고 서로에게 전망을 내어주며 배려하고 있었다. 빼곡한 집들 사이엔 드문드문 제법 울창한 숲이 조화롭게

박혀 있다. 공간을 적절히 숲으로 남겨둠으로써 지형에 따라 한 채 두 채 지어갔을 마을의 형성사가 자연스럽게 상상 속에 그려졌다. 어느 것도 특별하달 것이 없다. 모든 것이 자연스럽다. 눈에 띌 것 없는 그저 보통의 마을, 마나즈루다운 마나즈루. 뒤에 알게 되었지만 실제로 마나즈루의 마을만들기 활동가들의 기본원칙은 '마나즈루다움真鶴らしさ'이란다.

'마지막에 머무를 장소', '고요한 집의 뒤뜰', '하늘에서 천사가 내리는 곳', '작은 집과 휴식'…. 마나즈루를 다녀간 사람들은 마나즈루를 이렇게 표현했다. 크리스토퍼 알렉산더의 영원의 건축은 장중한 전통 건축물이 줄지어 있는 가와고에에서는 장중한 그 멋에 맞게, 보잘 것 없게 보일 수 있는 마나즈루에서는 또 평화로운 그 무엇에 맞게…. 무명의 그 무엇으로 살아나고 있었다.

그날 밤 역시나 소박한 선술집에서 나는 마나즈루의 싱싱한 회를 안주로 조용히 취했다.

소년의 영혼이 찾아간 마을

히다후루카와

飛騨古川

"우리는 관광을 위한 경관을 지키려는 것이 아닙니다.
다만 우리가 사는 동네를 잘 만들고 싶을 뿐입니다."

오랜 자기다움을 지킨다는 자존감 있는 목표를 세우고 나니
그들은 관광업에 휘둘리지 않는 진정한 주인으로
다시금 거듭났고 후루카와도 지켜냈다.
사람도 마을도 도시도 '자기다움'을 지켜낸다는 것은
그 어떤 새것보다도 그토록 미래지향적인 일이다.

취직도 안 되고 시집도 안 오는 외딴 마을

찾아가는 길

가장 가까운 공항은 고마쓰 공항이다. 나고야 공항을 이용해도 좋다. 히다후루카와 역에 내려 도보로 약 10분. 엔코지를 찾으면 세세라기가 시작된다.

일본 애니메이션으로 우리나라에서 최대 관객수를 기록한 영화가 〈너의 이름은君の名は〉이다. 시골 여학생 미쓰하와 도쿄의 남학생 다키가 시간을 뛰어넘어 나누는 영혼의 사랑이야기다. 미쓰하와 다키는 며칠에 한 번씩 서로의 영혼이 육체를 바꾼다. 꿈인지 생시인지 도무지 알 수 없는 신비한 체험을 하던 다키는 실제로 미쓰하를 찾아 나선다. 그곳이 어딘지도 모른 채 영혼이 바뀌었을 때 보았던 아름다운 마을을 찾아 나서는데, 그 마을이 영화 속 이토모리, 현실의 히다 지역이다.

히다는 일본의 중부 기후 현의 산악지대에 있다. 일본의 옛 고대왕국인 히다국의 지명이 남아 히다 지역이라 부른다. 산악지역이다 보니 접근이 어렵고 발전이 더딘 곳이었다. 얼마나 뒤처진 곳인지, 미쓰하와 친구들은 무료한 하굣길에 시골에서 태어난 신세타령을 해댄다. "정말 이 동네는 아무것도 없고 지긋지긋해. 기차는 두 시간에 한 번씩

히다후루카와 역

애니메이션 〈너의 이름은〉의 한 장면. 미쓰하와 그 친구들이 도시를 선망하며 푸념을 늘어놓던 하굣길엔 지금 자연의 향기가 가득하다.

오지, 좁디 좁아 말은 많지, 편의점은 9시면 문을 닫지… 서점도 없고 치과도 없으면서 술집은 오히려 두 개나 있지. 취직 안 되지, 시집도 안 오지, 일조시간 짧지. 아, 빨리 졸업해서 도쿄로 가고 싶어."

발전이 더딘 덕분에 역사 깊은 히다 지역에는 오래된 건물과 경관이 많이 남아 있었다. 중심부에 도시화된 다카야마高山 시가 있긴 하지만 대부분의 지역은 아직 산악과 너른 농촌지역으로 남아 있다. 그중에서도 히다의 전통적인 경관이 많이 남은 곳이 히다후루카와. 인구 1만 6000명 정도의 크지 않은 면 단위 지역이다. 히다후루카와 역에 내려 게타와카미야 신사 쪽으로 걷다 보니 미쓰하와 친구들이 걷던 아름다운 농촌 마을길이 떠오른다.

하얀 흙담 마을엔 비단잉어가 산다

1900년대 초반 엄청난 대화재 속에 전통적 마을의 90%가 불타 버렸던 히다후루카와. 당시 주민들은 마을을 복구하면서 대화재를 교훈 삼아 불에 잘 타지 않는 흙벽집을 짓기로 했다. 그 결과 마을엔 하얀 흙벽집白壁土蔵이 늘어서 독특한 풍경을 이루게 되었고 이는 히다를 특징짓는 상징이 되었다.

그러나 히다 지역에도 철도가 놓이며 도시로부터 개발의 바람이 불어왔다. 특히 다카야마 지역은 꽤 도시화되어 요즘은 아예 히다 지역을 히다다카야마 지역이라 부르기도 한다. 그 과정에서 흙벽집들은 하나 둘 사라져 갔고, 흙벽집들과 어우러져 흐르던 세토가와瀨戸川 강은 쓰레기와 생활폐수로 더럽혀졌다. 세토가와 강은 세세라기라 부르는 실개천보다 좀 더 너른 개울을 말한다. 농업용수로이자 생활용수이면서 무사와 서민주택의 경계로도 쓰이던 작은 천이다. 히다의 세토가와 강은 하얀 흙벽들과 어우러져 마을을 아름답게 만들고 있었다. 그런데 그 조화로운 경관이 사라지기 시작했고, 심지어는 세토가와 강이 오염되고 있으니 이를 메워 버리자는 주장도 나왔다.

변화의 조짐은 1970년대 후반이 되자 본격화됐다. 젊은이들이 도시로 떠나 인구가 줄어들자 상인들이 관광객이라도 유치하자며 경쟁하기 시작한 것이다. 상인들이 앞다퉈 매상에만 신경을 쓰면서 세토가와 강은 더 오염됐고 점포를 새로 꾸미며 여기저기 흙벽집도 허물었다. 모두들 자신의 수익에만 급급했다.

이때 나선 것이 후루카와의 청년들. 마을의 얼마 남지 않은 젊은 상인들이었다. 그들은 하얀 회벽의 전통가옥과 그 사이를 흐르는 세토가와 강이 히다후루카와를 지켜낼 상징이라는 데 의견을 모으고, '후루카와를 지키는 모임'을 만들었다. 청년들은 "우리가 살아온 아름다운 경관을 지키자, 각자가 해야 할 일을 깨닫자"며 호소했다. 대다수 상인과 주민들은 이를 귓등으로 흘려들었지만 서서히 어떤 책임감을 느껴 가기 시작했다.

주민들이 제시한 첫 번째 해결사는 비단잉어였다. 고이鯉라 불리는 비단잉어를 키워 세토가와 강을 다시 깨끗하고 아름답게 살려보자는 것이다. 비싼 비단잉어를 사기 위해 주민들은 돈을 모았다. 기업에도 호소했다. 그리곤 마침내 잉어 230마리를 방류했다. 또한 '세토가와를 아끼는 모임'을 조직하고 비단잉어를 키우는 데 필요한 시설들도 직접

흙벽집 거리. 오른쪽의 건물은 오래된 양조장 건물이다. 지금도 고유 브랜드의 청주를 만들어 팔고 있다.

엔코지(세토가와 시작 지점)

설치했다. 비단잉어가 도망가지 못하도록 곳곳에 설치한 격자판에 낙엽과 쓰레기가 끼지 않도록 아침 저녁 청소 당번도 정했다.

현재 약 1킬로미터의 세토가와 강 중심 부분에는 1000여 마리의 비단잉어가 헤엄치고 있다. 시설들도 조금씩 더 다듬어졌다. 물길이 시작되는 지점에 있는 절 엔코지円光寺 앞에는 수려한 석벽도 만들어졌다. 시간이 흐르며 수초와 이끼가 자라난 거대한 바위 틈새로 물줄기가 쏟아져내려 세토가와 강으로 흐르고 있다.

비단잉어 고이는 사는 곳에 따라 자신의 몸크기를 조절한다. 작은 어항에서 기르면 5-8센티미터의 피라미 크기가 되고, 너른 강물에서는 90-120센티미터까지 자라나 대어가 되는 재미있는 물고기다. 이처럼 환경의 지배를 받으며 사는 것을 두고 '고이의 법칙'이라 부른다.

고이들은 눈에 보이는 몸크기로 자신들이 사는 환경이 어떠한지 말하고 있다. 아름다운 마을을 찾아나선 내게 히다의 고이들은 '하물며 사람에게…' 살아가는 환경이 얼마나 더 중요한 것일지 역설하고 있는 듯했다. 몸크기로 증명할 수 없는, 눈에 보이지 않는 수많은 것들을 지배하며.

주민들이 히다다움을 지켜내기 위한 토대는 하얀 흙벽집이었다. 그들은 주택을 개축할 때 흙벽집의 기본틀을 건드리지 말 것과 신축 상가나 주택도 흙벽을 활용하자고 했다. 또한 시청에는 경관조례를 만들어 후루카와의 경관을 지켜줄 것을 요청했다. 히다 시장과 의원들은 주민들의 제안 내용 대부분을 그대로 받아들여 경관조례를 만들었다. 비단잉어가 헤엄치고 하얀 흙벽집이 늘어선 세토가와 강은 유명한 관광지가 되었다.

보여주기 위한 것? 우리가 잘 사는 것!

'관광지가 되었다'라고 했지만, 후루카와의 젊은이들은 관광지를 만들기 위해 마을운동을 시작한 것이 아니었다. 마을만들기를 주도했던 나오이 류지 씨는 말한다. "우리는 우리의 아름다운 경관을 지키고 싶다는 일념 하나에서 시작했고, 지금도 그렇습니다. 우리는 관광을 위한 경관을 지키려는 것이 아니라, 다만 우리가 사는 동네를 잘 만들고 싶을 뿐입니다. 그 결과 그 경관을 보려고 관광객이 기꺼이 와주면 더욱 자랑스럽고 기쁜 일이죠." 후루카와의 마을만들기는 주민들이 아이디어를 내면서 시작되었다. 조례의 세세한 문구에도 주민의 의견이 반영되어 있다.

관광마을의 주인은 누구인가

　경제성장 과정에서 지리적 여건이 불리해 생산공장 등을 유치하기 어려웠던 히다후루카와는 전통적 경관을 바탕으로 관광객을 유치하기 위해 1958년부터 관광협회를 운영해 왔다. 관광협회는 1965년에는 상가 대부분이 회원이 될 만큼 주민을 대표하고 있었다.

　그들은 관광에서 마을만들기로 방향을 전환했다. '상업주의에 치우치지 않는 도시. 우리의 힘으로 만드는 마을만들기'가 그들의 슬로건이 되었고, 그것은 결국 관광도 성공시켰다. 우리가 잘 사는 마을, 젊은 사람들이 자부심을 가질 수 있는 고향. 히다후루카와 주민들의 일치된 생각이 그것을 이루어낸 것이다.

　"우리 마을에 여행오지 마세요", "관광객은 가라" …. 몰려오는 관광객 때문에 주민들이 반발하는 투어리즘 포비아(관광혐오증)가 지구촌 곳곳에서 벌어지고 있다. 서울 북촌한옥마을과 경남 통영, 전남 여수 등에서도 '주민의 삶을 존중해 달라'며 항의하는 주민과 관광객 사이의 갈등이 시끄럽다. 이탈리아의 베네치아 시민들은 관광객 수와 관광시간 등을 제한해 달라고 요구하고 있고, 허용되지 않는 아무데나 앉아 음식을 섭취하는 이들에게 최대 500유로(약 65만 원)의 벌금을 부과하는 조례가 발의됐다. 보라카이는 오염이 심해 6개월간 관광지를 폐쇄했으며, 제주도의 우도 또한 관광객들이 버린 쓰레기로 몸살을 앓고 있다.

　서울 낙산공원 아래 이화 벽화마을은 관광객이 급증해 거주환경이 열악해지면서 주민 사이에 갈등이 심각했다. 인천의 오래된 빈민지

에도 시대 건물들이 보존되어 있는 히다타카야마 산조의 전통가옥보존지구. 히다후루가와에서 멀지 않은 다카야마에는 일본의 3대 아침시장 중 하나인 70여 년 역사의 미야가와아사이치가 주말 아침마다 열린다.

다카야마

역인 괭이부리마을은 지자체가 '빈민생활체험관'을 조성하려다 사업을 취소했다. 주민들이 빈민의 삶을 관광상품으로 파는 것에 강하게 항의한 것이다.

관광의 대상이 되어 돈을 번다는 것은 무엇을 말하는 것인가? 조금 거칠게 말한다면 마을과 경관을 팔아 돈을 버는 것이다. 그 돈의 대가는 무섭다. 주민들이 소음과 쓰레기에 시달리는 투어리피케이션, 관광객을 대상으로 한 난개발, 나아가 임대료가 올라 기존 주민들이 삶의 터전을 뺏기는 젠트리피케이션gentrification이 벌어지고 있다. 상업적인 관광에 치중하다 보면 마을의 주인이 바뀌어버린다. 관광객이 마을의 주인이 되어버리고, 주민들은 그 뒷바라지를 하며 돈을 번다. 더 많이 벌기 위해 경쟁하고, 마을의 전통과 정체성은 사라지며 공동체가 파괴된다.

히다후루카와도 그럴 뻔 했다. 전통의 흙벽집들과 그 사이를 흐르는 아름다운 세토가와 강을 희생시키고 관광객을 끌어들이기 위한 정책을 앞세울 수도 있었다. 그랬다면 지금쯤 세토가와 강은 더 오염되었을 것이다. 흙벽집들은 현대적 건축에 밀려 자취를 감췄을 것이다.

그러나 그들은 오래된 자기다움을 지켜냈다. 자기다움을 지킨다는 자존감 있는 방향을 설정하고 나니 그들은 관광업에 휘둘리지 않는 진정한 주인으로 다시금 거듭났고 후루카와도 지켜냈다. 사람도 마을도 도시도 '자기다움'을 지켜낸다는 것은 그 어떤 새것보다도 그토록 미래지향적인 일이다.

히다규와 따뜻한 술 한잔. 내 마음은 무엇으로 녹아내렸나

　히다 지역은 소고기가 유명하다. 방목하는 소로, '히다규'라 부른다. 일본은 구이용 소고기를 먹기 좋은 크기로 잘라 작은 접시 단위로 판다. 눈치보지 않고 1인분을 시킬 수 있는 문화다. 어슬렁거리며 후루카와의 여기저기를 기웃거리다 해가 저물었다. 히다규로 한 잔 할 생각으로 소박한 이자카야를 찾아 들어갔다.

　입안에서 녹는 히다규에 일본소주 몇 잔으로 얼큰해질 무렵 안쪽 작은 방에서 10여 명의 화기애애한 술자리가 서종디자인운동본부 회원들이 마을에서 벌이는 자리처럼 흥겹고 정감 있다. 다치 안에서 술을 건네주던 주인 아주머니가 시끄러워 방해되지 않느냐 묻는다. 괜찮다고 했다, 보기 좋다고. 잠시 후 아주머니가 미안했던지 방 안의 손님들이 구워달라며 사 온 만두가 양이 넉넉하다며 조금 맛보라고 건넨다. 흔쾌히 받으며 잘먹겠다고 전해달랬더니 방 안에서 누군가가 다가온다. 한국인이 혼자 이렇게 멀리 우리 마을을 찾아왔으니 함께 한 잔 하자는 거다. 일본어가 짧아 망설이다가 마을 사람 여럿과 대화할 흔치 않을 기회다 싶어 방 안으로 들어갔다. 맙소사. 알고 보니 마을 만들기 회원들의 정기모임이란다. 만나도 제대로 만났다. 내 여행목적을 말하고 그들의 노력을 칭찬했다. 그들은 어쩔줄 몰라하며 고마워했다. 10여 명의 눈길이 나에게 쏠렸다. 필담을 곁들이고 스마트폰의 사전과 번역기까지 동원하며 생각을 나누었지만, 마음을 다 전달하지 못하니 안타깝기 그지없었다. 밤새 함께 이야기 나누고 싶은 마음이었지만 길어지지 않게 애쓰며 방을 나왔다. 홀로 한 잔 더 기울이고 술집을 나오며 인사를 건넸다. 다시 한번 모든 이들이 일어나 90도 인사

여행객들은 세토가와 강을 거닐며 비단잉어에게 먹이를 주기도 한다.

로 배웅해준다.

후루카와의 세토가와 강에 들어서면 여행객들이 모이를 들고 하염없이 세토가와 강의 비단잉어를 보며 걷는다. 곱게 차려입은 노인 관광객들이 "스고이~!(대단해. 훌륭해)"를 연발한다. 흐뭇함에 젖은 할머니 할아버지 사이로 자전거를 타고 지나는 꼬마들의 명랑한 인사소리, "곤니치와!". 그 환한 얼굴들에 내내 밝은 마음이 되었다.

유명 관광지이지만, 그냥 '관광지'라고 하기에는 부족하게 느껴지는, 삶과 밀착된 따뜻함이 전해지는 곳 히다후루카와. 아름답게 살기 위하여 힘을 합쳐 자신들의 손으로 아름다움을 일구는 밝고 따뜻한 곳. 이미 1900년대 초에 폐허가 된 마을을 하얀 흙집마을로 재건하고, 개발의 바람 앞에 전통의 흙집 보존과 비단잉어로 새롭게 가꾸어낸 히다후루카와는 참으로 많은 이들의 오랜 노력의 산물로 여겨졌다.

100년의 설계

가네야마

金山

가네야마에서는 주택들은 물론 상가와 관공서도 모두 가네야마형型이다.
그것은 결코 두드러지지 않은 가장 가네야마다운 특징이었다.
새로운 것이 없는 신선함, 현대적인 치장이 없는 오래된 마을다움,
바로 그곳에만 있는 그곳다움.

특산품인 삼나무 골조에 흰 회벽의 가네야마만의 전통가옥들은
지극히 차분하고 평화로운 가네야마의 첫인상이 되었다.
전통이란 과거의 것이 아니라 현재진행형의 것,
지금 이 순간에도 만들어가야 하는 어떤 것임을 새삼 깨닫게 한다.
삼나무의 생산과 소비를 확대하는 것은
지역경제를 살리는 길이기도 했다.
그들의 100년 설계는 그토록
가까이에 있는 단순한 것을 찾아내 집중하는 것이었다.
어쩌면 단조롭고 지루해 보이는 일에 흔들림 없이 매진한다는 것.
가네야마 사람들은 그 일을 해냈고, 지금도 해내고 있다.

파란 눈의 여행자가 발견한 낭만적인 분지

"아침에 출발해서 험한 산등성이 몇 개를 넘자 매우 아름다운 색다른 분지가 나타났다. 피라미드 모양의 삼나무 숲으로 덮인 산들은 기이할 정도로 아름답게 마을을 둘러싸고 있다. 가네야마라고 한다. 낭만적인 곳이다. 나는 정오에 도착했지만 도착하자마자 벌써 하루나 이틀 여기에 머무르겠다는 마음이 든다. 숙소로 잡은 나의 방은 즐겁고 상쾌하며 사람들은 매우 친절했다."

내가 언젠가 반드시 가네야마를 찾아가겠다고 마음먹은 것은 어떤 책에서 본 짧은 몇 구절 때문이었다. 영국의 유명한 여행작가 이사벨라 버드Isabella Lucy Bird의 《일본오지기행Unbeaten Tracks in Japan》이다.

이사벨라 버드는 근대 말의 오지 여행가로 유명하다. 1831년 영국 성공회 신부의 딸로 태어난 이사벨라는 어릴 때부터 딱딱한 의자에는 앉지도 못할 정도로 몸이 쇠약해 평생 감기와 병을 달고 살았다. 학교도 다닐 수 없어 가정교사에게 배웠다. 그런데도 그녀는 여행을 좋아하는 여행광이었다. 가고 싶은 곳을 가지 못하면 몸이 더 아팠고, 아픈 몸도 여행을 하면 나아졌다. 이사벨라의 아버지는 그런 딸이 여행을 다닐 수 있도록 최대한 배려했다. 이사벨라는 미국, 호주, 인도 등지를 여행한 후 1878년부터는 일본 전역을, 1884년에는 조선을 여행했다. 1894년경 조선을 방문하여 고종과 명성황후를 알현하고, 부산에서 금강산까지 조선 전역을 여행한 뒤에 남긴 여행서가 그 유명한 《조선과 그 이웃나라들Korea and Her Neighbours》이다.

이사벨라의 일본 여행은 도쿄에서 시작해 홋카이도까지 이어졌다.

찾아가는 길

가장 가까운 공항은 센다이 공항이다. 신조 역에서 내려 가네야마행 버스로 30분을 더 들어가서 가네야마 사무소 앞에서 내린다. 마을이 그다지 크지 않으므로 천천히 산책하면 된다. 오오제키는 마을길 뒤편 가네야마 초등학교 쪽으로 들어서면 나온다.

신조 역

이사벨라 버드의 《일본오지기행》의 표지. 일본 고유의 겨울 복장을 하고 있다. 그녀의 쉽지 않았을 여정이 느껴진다.

여행 중 일본의 경관과 마을, 사회시설, 식생, 음식, 사람들에 대한 평가를 풍부하게 남겨 일본으로서는 이사벨라를 통해 자신들의 근대생활사를 엿볼 수 있는 귀중한 자료를 가질 수 있게 됐다.

이사벨라는 "일본인은 서양의 복장을 하면 아주 작아 보인다. 어떤 옷도 맞지 않는다. 과소한 체격, 패인 흉부, 노란 피부, 딱딱한 머리, 가냘픈 눈꺼풀, 가느다란 눈, 끝이 처진 눈썹, 납작한 코, 뺨이 튀어나온 몽고 계열의 용모, 남자들의 어긋난 걸음과 여자들의 아장아장한 걸음걸이 등 일본인의 모습은 퇴화된 인간의 모습 같다"라는 인상을 쓰기도 했고, "그렇지만 이야기를 나누면 밝은 미소가 넘친다. 그들은 예의 바르고 착하고 부지런하고 끔찍한 죄악을 저지르는 일은 전혀 없다. 그들의 기본 도덕 수준은 매우 낮으나 성실을 넘어 청순하다고 판단할 수밖에 없다"고도 했다.

당시 일본을 미개하게 본 이사벨라가 유독 가네야마에 대해서만은

가네야마를 찾기 전에 구글에서 보았던 사진 한 장. 마을만들기 활동을 하는 대학생들이 가네야마를 방문해 찍었던 사진으로 보인다. 이 사진이 끌어당기는 힘으로 나는 가네야마로 달려갔다.(저작권을 허락받지는 못했지만 양해를 구하고 싣기로 한다)

낭만적이고 사람들이 친절해서 2,3일을 머물고 싶은 마을이라 칭송했으니, 가네야마 사람들은 그 칭송을 대단한 긍지로 여겨왔다. 《일본오지여행》은 일본의 풍경을 일본 국내는 물론 전 세계적으로 알린 책이니 더욱 그러했을 것이다. 대체 가네야마는 어떤 곳일까.

당장 가네야마로 달려가지 못한 채 나는 2,3년간 가네야마를 마음속에만 두고 있었다. 그 사이 가네야마에 대한 이런 저런 자료들을 모았다. '100년을 꿈꾸는 가네야마', '2010년 전국도시경관대상 최우수 아름다운거리경관상' 수상 등 마을만들기의 노력과 결과가 눈에 띄었다. 그 무렵 구글에서 찾은 사진 한 장이 나를 더욱 부추겼다. 학생들이 마을의 물가에 나란히 앉아 환하게 손을 들고 찍은 사진이었다. 나는 일본 동북부로 떠났다.

가네야마는 그곳에만 있다

가네야마는 일본 동북부의 야마가타山形 현에 위치한 인구 7000명 정도의 작은 면 단위에 불과하다. 그러나 그들은 1925년부터 불어닥친 행정구역 통폐합 과정에서 단 한 번도 병합되거나 병합하지 않았다. 스스로 하나의 자치구처럼 자부심을 가지고 마을가족 같은 전통을 지켜왔다.

이사벨라가 표현한 것처럼 가네야마는 오랜 세월 피라미드 모양의 삼나무가 분지 형태의 마을을 둘러싸고 있었고, 마을은 짙은 색의 나무와 흰 회벽의 목조주택들이 서정적인 곳이었다. 그러나 가네야마도 세월의 변화를 비껴갈 수만은 없었다. 도시로 떠난 이들의 빈집이나 새 이주민들의 신축주택들로 인해 고전적인 풍경이 조금씩 훼손되어 갔다. 마을의 낭만적인 분위기를 자존감 있게 내세웠던 그들은 1984년경, 가네야마의 미래모습을 만들어갈 100년의 계획을 세우자고 결정한다. 행정 당국과 주민이 함께 세운 '마을경관만들기 100년 운동'이다. 이사벨라가 다녀간 지 100년의 시점에서 미래의 100년을 새로이 계획한 것이다.

가네야마만의 경관, 세상에서 유일한 경관, 100년이 지난 후에도 자신들만의 특색 있는 경관을 가지고 있고, 100년 후 더 진정한 가치를 뽐낼 수 있는 마을을 만들자는 것이 그들의 목표였다. 대담하고 거창하다. 그 내용이 무엇인가를 떠나 당시의 주민들이 100년 앞을 내다보며 행정 당국과 협력해 마을의 플랜을 세웠다는 사실만으로도 담대한 자신감이 전해져 왔다.

가네야마엔 기차가 닿지 않는다. 교통의 요지인 신조新庄 역에서 버스를 타고 들어가야 한다. 철도의 나라라는 일본에서 철도가 닿지 않으니 오히려 무분별한 왕래 없이 자기만의 색채를 갖출 수 있는 데 도움이 되지 않았을까 싶다.

한 시간에 한 대씩 다니는 시외버스에는 마을사람 셋과 나뿐이었다. 신조 시를 벗어나자 우리네 농촌 같은 풍경이 펼쳐진다. 40분 가량을 달려 도착한 가네야마. 멀리 마을경관을 한참 바라보았다. 딱히 두드러지는 특징이 보이지 않는다. 랜드마크도 없다. 뉘엿뉘엿 해 지는 마을길 너머에 그저 짙은 삼나무 골조의 흰 회벽집들만이 가지런하게 서 있다.

걸었다, 천천히. 사거리에 다다르니 주택이 아닌 건물이 보인다. 은

행이었다. 은행 건물도 짙은 삼나무와 흰 회벽건물이다. 돌아보니 집
들은 물론 상가와 관공서도 크기와 모양만 조금씩 다를 뿐 모두 가
네야마형이다.

　모든 건물이 가네야마형. 그것은 결코 두드러지지 않는 가장 가네
야마다운 특징이었다. 새로운 것이 없는 신선함, 현대적인 치장이 없
는 오래된 마을다움, 바로 그곳에만 있는 그곳다움의 풍경… 저만치
거리에서 한 무리의 초등학생들이 왁자지껄 다가오며 너나없이 큰 소
리로 외친다. "곤니치와~." 순간, 나도 그 마을사람이다.

　또 다른 명물은 오오제키大堰이다. 나를 이 먼 일본의 시골까지 부른
사진 속의 그 물길이다. 본래 '제키'란 물길의 제방을 뜻하는데 물길
그 자체의 의미로 쓰이기도 한다. 마을 안길을 휘돌며 가네야마 사람
들의 삶을 관통해 온 맑은 물줄기 속엔 비단잉어들이 자유롭다.

　오오제키는 본래 마을 용수로였다. 가네야마가와 강에서 마을로 농

업용수를 끌어들이기 위해 1977년경에 조성됐다. 이후 농업이 쇠퇴하여 필요성이 사라졌지만 가네야마 주민들은 이를 없애지 않고 보존했다. 오오제키 주변의 일부는 공원으로 만들었다. 공원 북쪽에는 작은 신사가 있고, 오른편에는 초등학교가 있으며, 왼편으로는 수량이 풍부한 오오제키가 흐르고 있다. 비단잉어도 함께 넘실댄다.

2미터가량의 골목길을 끼고 흐르는 오오제키는 삼나무의 짙은 색깔과 흰 회벽집들의 가네야마 색깔과 참 잘 어울린다. 석재와 이끼로 덮인 자연스러운 둑방, 목재와 석재로 번갈아 올려진 조그마한 다리들, 골목길의 돌바닥과 벤치들, 오래된 팽나무, 물길을 따라 또 물결 속에서 나무와 꽃들만이 그려낼 수 있는 부드러운 선들, 무념하게 흘러다니는 비단잉어들…. 잔잔히 흐르는 오오제키는 가네야마의 핏줄처럼 느껴졌다. 오오제키는 2004년 '차세대를 잇는 경관상'을 비롯하여 갖가지 경관상을 수상했다.

건너편 초등학교에서 예의 그 아이들이 쉴 새 없이 쏟아져 나온다. 학교에서 오오제키까지 약 100미터. 그 공원길을 재잘거리며 아이들은 자유의 수업을 이어가고 있는 듯했다. 그 길을 따라 100년의 설계 속에 자라나는 아이들은 환한 얼굴로 집에 들어서겠지.

가장 가까이에 답이 있다

미래의 100년을 이어갈 가네야마 설계. 중심 계획은 전통가옥의 전승이었다. 즉, 삼나무와 하얀 회벽을 특징으로 하는 가네야마형 전통주택의 계승이다.

가네야마는 삼나무가 특산물이다. 그들은 쉽게 구할 수 있는 삼나무를 이용한 가네야마만의 전통가옥형태를 유지해 나가는 것이 가네야마다운 아름다움을 지켜나가는 핵심이라고 판단했다. 실제로 짙은 색깔의 삼나무가 골조를 이루고 그 사이를 흰 회벽이 채운 전통가옥들은 가네야마의 첫 인상을 좌우했다. 지극히 차분하고 평화로운 느낌이랄까.

전통가옥들이 늘어선 풍경들은 전통이란 과거의 것이 아니라 현재진행형의 것, 지금 이 순간에도 만들어가야 하는 어떤 것임을 새삼 깨닫게 한다. 더욱이 삼나무는 가네야마의 특산물이니, 그 생산과 소비를 확대하는 것은 지역경제를 살리는 길이기도 했다. 완전히 새롭거나

가네야마형 주택의 원형이다. 가네야마 버스 정류장에 내리면 바로 눈에 띈다.

화려하게 폼나는 그 무엇이 아니라 살아온 오랜 시간 속에서 찾아낸 가장 가까이의 가네야마다움. 그들의 100년 설계는 그토록 가까이에 있는 단순한 것을 찾아내 집중하는 것이었다.

가네야마 100년 계획은 가네야마의 자연환경과 거기서 살아갈 사람들의 공생관계 만들기, 개성 있는 거리경관 만들기, 삼나무를 중심으로 한 지역자원과 유기적 결합 등 세 가지로 집약된다. 그리고 바로 그 중심에 가네야마형 전통주택의 계승사업이 자리잡고 있다. 거창하거나 화려하게 치장하지 않고 무엇이 중요한지, 그것을 향해 집중하는 100년의 계획은 그래서 더욱 묵직하게 다가왔다. 오랜 전통과 자존심이 거기에 있었다.

100년 설계를 실현시킨 강력한 무기, 조례

가네야마형 주택을 계승해 100년의 마을경관을 지켜가기로 한 가네야마는 1988년, '가네야마 경관조례'를 만들고, 그 시행규칙과 세부지침까지 모두 정비했다.

마을만들기에서 조례가 가지는 역할은 중요하다. 조례가 정비되면 행정 당국이 법적인 힘으로 뒷받침할 수 있는 근거가 마련되기 때문이다. 이는 행정 당국이 주민의 노력을 지원하겠다는 강력한 의지다. 조례는 지방자치단체의 장이나 의원들의 의지의 반영이기도 하다. 지방자치의 성숙은 바로 이렇게 주민의 자치적인 활동을 지방자치단체장이나 의원들이 뒷받침하는 데 있다. 가네야마 또한 제정된 조례에 따라 행정 당국은 가능한 주민을 지원하고 모든 정보를 투명하게 공개하기로 했고, 주민들에겐 경관 기준을 지키고 마을 경관을 보호해야 한다는 의무가 주어졌다.

기준에 맞는 건축과 토목에 대해서는 보조금이 지급됐다. 또한 매년 새로 신축되는 가네야마형 주택 중 우수작품을 선정하고, 나아가 솜씨 좋은 목수를 뽑는 경연대회도 열었다. 기성 건축자재를 쓰지 않고 가네야마에서 자란 삼나무만으로 아름답고 기품 있게 지은 집을 선정해 가네야마형 주택을 발전시켜가기 위한 정책이다. 1993년부터 매년 열리는 경연대회는 출품된 주택을 단순히 건축기술적인 측면뿐 아니라, 주변 환경과의 조화로움도 감안하여 선정하며, 건축주와 목수 모두에게 시상하고 명예를 안긴다.

나다움의 자긍심을 묻다

세상이 글로벌화되면서 모두가 평준화되고 있다. 결국은 가장 로컬한 것이 궁극적으로 가치 있는 것이라고들 한다. 새로운 경향을 모두 따라 나선다면 새로움은 더 이상 새로운 것이 아닐지 모른다. 끝이 어딘지 모를 새로움을 따라가느라 자신이 누구인지를 잊어버리면 남는 것은 속도와 경쟁의 소용돌이뿐이다.

자긍심이 필요한 시대이다. 자신을 사랑하는 자긍심이 있는 자리에 진정으로 로컬하며 진정으로 새로운 것이 있다. 가네야마에서는 행정 당국과 주민이 가네야마를 가네야마답게 만들자는 데에 공감하고 이를 원칙으로 세워 100년을 추진하고 있다. 지식과 정보가 늘다 보면 정확히 하나의 목표를 설정하고 그 목표에 일관되게 집중하는 일이 결코 쉽지가 않다. 어쩌면 단조롭고 지루해 보이는 일에 흔들림 없이 매진한다는 것. 가네야마 사람들은 그 일을 해냈고, 지금도 해내고 있는 것이다.

마을과 지역사회를 어떻게 만들 것인가는 결국 주민들이 낸 세금을 어디에 어떻게 쓰느냐와 연관된다. 가네야마의 정보공개조례는 이미 1982년, "마을의 주인인 주민 그리고 납세자인 주민이 마을의 행정과 마을만들기에 능동적으로 함께 할 수 있도록 모든 정보는 공개되어야 한다"고 규정하고 있다. 또한 경관조례를 통해 "개성 강한 마을, 자연의 미관 유지 및 증진과 새로운 거리 경관 형성에 관한 필요한 사항을 정함으로써 우리 스스로 보다 쾌적하고 자랑스러운 향토를 만들고자 한다"고 밝히고 있다. 이처럼 원칙과 그 목적 등을 법으로 명시한다는 것은 다음 세대를 위하여 오래도록 흔들리지 않을 깃발을 세우는 일이 될 것이다.

"가네야마 마을만들기의 최대 특징은 주민 생활과 경관 조성이 일체가 되어 있다는 점입니다. 경관이란, 사적인 것이 아니라 공공적인 것이라는 '경관 공유론'이 전제가 된 것입니다. 경관 구성은 주민의 높은 의식과 자주적 정신에 입각하는 주민 운동입니다." 가네야마 면장의 말이다. 100년 설계로 자신감 있게 다져진 가네야마는 거리에 흐르는 인상조차 도도했다.

제3장

역사와 예술이
도시로 승화하다

가나자와 | 교토 | 가마쿠라 | 하코다테·오타루

시간을 연결하는 창조도시

가나자와

金沢

가나자와는 전통적 문화유산들을 거점으로
도시 전체를 하나의 문화 벨트로 연결하는 데 성공했다.
도심조차 문화유산벨트의 큰 틀에 따르도록 설계했다.

가나자와 성에서 시작하여 히가시 찻집거리를 구경하고,
미술관 소로를 거쳐, 21세기미술관 공원에서 유유히 쉬었다가,
무장가옥 거리를 걷고, 도심 번화가로 나오면,
옛것과 현대의 것을 고루 호흡하게 된다.

옛것과 현대를 매일매일 체험하는 동안
그들에게는 역사의식과 자기정체성이 끊임없이 생동할 것이고
자신이 살아가는 도시에 대한 자긍심과 문화의식이 가득할 것이다.
역사나 문화의 두께와 깊이는 우리보다 빈약한데,
그걸 살려내고 재창조하여 세계적인 자랑거리로
만들어내는 일본의 노력은 우리가 좀 더 배워야 한다.

문화와 경제를 결합한 새로운 경쟁력, 창조도시

찾아가는 길
고마쓰 공항을 이용한다. 가
나자와 시 내부 지역은 가나
자와 역의 관광안내소에 한
글판으로 된 안내도도 있다.

가나자와 시를 처음 찾은 것은 2012년이었다. 나의 바람들이 담겼던 때문일까, 나는 그때 현실에 그토록 아름다운 도시가 존재할 수 있음을 새삼 발견한 기분이었다.

이시카와石川 현의 가나자와는 많이 알려지지 않은 고마쓰라는 작은 공항을 통한다. 가나자와는 생각보다 규모가 컸다. 가나자와 성을 중심으로 도시 전체가 거대한 문화 벨트를 형성하고 있다. 하늘을 찌르는 고층빌딩을 랜드마크로 삼는 대개의 도시들과는 달리 가나자와에는 고층의 랜드마크가 없다. 가나자와의 역사를 품은 전통건물과 유적 그리고 전통거리를 계획성 있게 보존하고, 다른 한편으로는 현대적인 미술관과 문화시설들을 문화예술의 거점으로 연결함으로써 도시 전체를 문화 벨트로 엮었다.

역 근처 호텔에 짐을 푼 후 가나자와 홍보전단들을 보다가 '창조도시'라는 개념이 눈에 들어왔다.

가나자와는 일찍이 유네스코 창조도시에 선정된 도시다. 창조도시란 찰스 랜드리Charles Landry의 정의를 빌리면 "독자적인 예술문화를 육성하고, 지속적이고 내생적인 발전을 통해 새로운 산업을 창출할 수 있는 능력을 갖춘 도시다. 인간이 자유롭게 창조적인 활동을 함으로써 문화와 산업의 창조성이 풍부하며 혁신적이고 유연한 도시 경제 시스템을 갖춘 도시"라는 것이다.

창조도시를 기획하고 실천하기 위해서는 고유한 문화 색채를 지닌 개발과 지역민의 자발적인 상상력, 열정, 창조성 등이 무엇보다 필요하다. 나아가 창조도시는 산업사회 이후 쇠퇴의 길을 걷고 있는 자기 지역의 자원을 긍정적인 시각으로 새롭게 해석하고 복원하려는 창조적 상상력이 만들어낸 결과물이다. 단순히 문화·예술과 관련된 기관을 설립하거나 축제나 행사를 개최하고 슬로건을 내붙이는 수준이 아니라, 도시 전체가 창조도시로 이미지화할 수 있는 전략을 가진 도시라는 것이다.

근대 이후 도시와 마을들은 산업적·물질적 발전에 전력을 다했다. 모든 것이 기능 중심이었고 실리적인 구조기능주의가 판을 쳤다. 문화와 예술, 전통, 아름다움은 뒷전으로 밀려 파괴되고 거대한 빌딩과 효율적인 경제성만이 유일한 가치였다.

그러나 21세기에 들어서면서 지식인들을 중심으로 그에 대한 반성이 일었고, 산업과 건축 등에도 인문사회적 관점이 등장하게 되었다. 효율을 앞세운 물질 중심의 개발 속에서 인간의 정신이 퇴보하고 커뮤니티가 파괴되어 나가는 모습을 보며 인간을 위한 도시를 돌아보게 된 것이다. 대표적인 창조도시로 꼽히는 곳이 스페인의 볼로냐와 가나자와. 그들의 두드러진 변화 가운데 하나가 도시계획심의위원회에 인문사회과학자와 예술가가 과반수를 차지한다는 사실이다. 유럽은 창조도시 이전에도 이미 문화도시라는 개념이 존재하고 있었다.

창조도시는 단순히 문화도시가 아니라 경제적인 의미도 크다. 새로운 문화콘텐츠 및 지식콘텐츠와 결합해 수익을 올리는 것이다. 기존의 2차, 3차 산업만으로는 가질 수 없는 문화적 가치를 가진 경쟁력을 지닌 것이 창조도시다. 현재 가나자와는 인구 50만 명 정도인데, 전 세계로부터 연간 700만 명의 관광객이 창조도시를 찾아온다.

건축가 승효상은 "사람은 거주함으로써 존재한다"라는 철학자 하이데거의 명제를 인용하면서, 사람들이 흔히 건축이란 공학에다가 예술적 외관을 적절히 섞은 것이라고 생각하지만 건축은 근본적으로는 인문학의 영역임을 강조한다. "건축가에겐 문학적 상상력과 역사에 대한 통찰력, 사물에 대한 사유의 힘이 필수적이다." 건축만이 아닐 것이다. 도시계획도 당연히 그러하다. 창조도시는 마을만들기의 도시적 개념이다.

문화 벨트. 전통문화유산의 시간과 공간을 현대와 잇다

가나자와는 전통적 문화유산들을 거점으로 도시 전체를 하나의 문화 벨트로 연결하는 데 성공한 도시이다. 기존 도시들은 도시를 확장하면서 전통문화유산들을 빌딩 숲속에 의미 없이 박힌 파편처럼 남겨두었다. 전통문화유산이 도시 전체와 어우러지지 못하고 군데군데 개별적인 구경거리로만 존재하게 되는 것이다.

그러나 가나자와는 도심조차 문화유산 벨트의 큰 틀에 따르도록 설계했다. 문화적 경쟁력에 중심을 둔 개념이다. 또한 문화유산들을 보존하는 데 머물지 않고 주변 환경을 정리해 현대적 도심과 어울리게 했다. 유산들 사이의 이동 동선 곳곳에 현대적 미술관과 문화시설이 설치되어 문화 벨트를 이어가는 식이다. 그러한 문화의 거점들을 연결하여 걷다 보면 어느새 자연스레 도시 전체를 즐기게 된다. 무료하지 않게 문화적 감성을 이어가며 가나자와의 매력에 빠져들게 되는데, 도심은 그 속에서 휴식과 유흥의 기능을 담당할 뿐이다.

에도 시대 중급 무사들의 저택이 있던 가나자와 무장가옥 거리. 건축물들과 더불어 마을의 용수로를 그대로 보존하여 느낌이 중후하다.

가나자와 성

겐로쿠엔

21세기미술관

자연스런 발걸음,
가나자와 성-겐로쿠엔-21세기미술관-그리고…

가나자와 문화 벨트의 중심은 가나자와 성城이다. 일본은 기본적으로 그 지역의 성을 도시의 랜드마크로 삼는다. 가나자와 성은 도요토미 히데요시뿐 아니라 도쿠가와 이에야스와도 어깨를 겨루던 마에다 도시이에前田利家의 거대한 성이다. 쌀 100만 섬이 넘는 넓은 영지를 갖고 있었다 해서 가가하쿠만교쿠加賀百万石(100만 섬의 땅을 가진 가가 지역)라고도 불렸다. 오십 칸에 이르는 대단히 긴 목조건물도 특이하지만 성 안의 공원이 넓고 평화롭다. 특별한 구조물을 최대한 절제해서 광활한 잔디밭이 압도적이며 봄에는 오래된 벚나무들이 피어내는 벚꽃

이 장관을 이룬다.

　성의 옆에는 일본의 3대 정원 중 하나인 겐로쿠엔兼六園이 있다. 3만 평의 대지에 조성된 일본식 전통정원이다. 우리의 전통정원이 있는 그대로의 자연을 이용하는 경향이 강하다면, 일본의 전통정원은 인위적인 요소를 많이 가미한다. 숲과 물을 조화시키는 쓰키야마 린센築山臨川식이나 자연을 응축적으로 재현한 가레산스이枯山水식 등이다.

　자연에 인위적인 노력을 가하다 보니 그 관리도 철저하다. 수목 한 그루 한 그루의 수형이 예술적이다. 그러나 자연의 소박함에서 벗어나 너무나 인위적이라 그런지 한 시간 정도 웅대한 정원을 걷다 보면 자칫 지루함에 빠져들기도 한다.

　겐로쿠엔을 나서면 21세기미술관까지 소로로 이어진다. 아기자기하고 소롯하다. 도심 속인데도 작은 언덕 곳곳에 작은 미술관들이 있고

가나자와 문화 벨트의 중심 가나자와 성.
에도 시대 쌀 100만 섬이 넘게 나왔다는 가나자와 일대는 마에다 도시이에의 드넓은 영지였다.

스즈키 다이세쓰 기념관의
물의 정원.
세계적인 불교철학자를 기념
하는 건축물답게 기념관 전
체가 명상의 공간 같다.

스즈키 다이세쓰
기념관

그 사이를 좁은 숲길이 몇 백 미터 이어진다. 자연과 예술이 정감 있
게 만나는 산책길이다. 예술적 감흥이 몸에 젖어 들어온다.

산책길을 걷다 보니 가나자와 출신의 세계적인 불교철학자 스즈키
다이세쓰鈴木大拙의 기념관이 있다. 불교철학자의 기념관이니 뭔가 색다
른 느낌이 있을 듯했다. 고요하게 물의 정원을 만들고 그 위에 단조롭
게 노출콘크리트로 기념관이 서 있다. 일본의 세계적인 건축가 안도
다다오安藤忠雄의 느낌이 들었지만, 우리에겐 덜 유명한 다니구치 요시
오谷口吉生의 작품이라고 한다. 사유의 힘을 느끼게 하는 아름다운 건
축이다.

그곳에서 나는 뒤늦게 새로운 사실을 알게 되었다. 스즈키 다이세
쓰가 내가 그 미학적 견해를 흠모해 마지않는 야나기 무네요시柳宗悅의
스승이라는 사실이었다. 야나기의 미학이 불교철학을 기초로 하고 있

으니 그들의 사제관계는 지극히 자연스러운 일이다. 기념관에서 스즈키와 야나기의 인연과 사상의 교류에 대한 자료를 한참이나 읽었다. 무네요시는 일찍이 선禪 사상을 철학적으로 파고들어 서구에 알린 스즈키로부터 많은 영향을 받은 듯했다. 무네요시에 관해서는 나중에 다시 이야기 나누기로 하자. 눈도 즐겁고 머릿속도 만족스러운 시간이었다.

소로를 벗어나면 21세기미술관이 위용을 과시하며 맞아준다. 2004년에 문을 연 복합문화시설이다. 21세기미술관은 온전히 통유리로 된 원 모양의 건축물이라 정문과 후문이 따로 없이 사방에 출입문이 있다. 사방이 트여 있으니 흔히 미술관이 주는 약간의 위압감과 괴리감이 느껴지지 않는다. 일부의 전시실은 유료이지만 대부분의 공간이 일반 대중들에게 트여 있어서 미술관이라기보다는 시민들의 자유로운 문화공간이다.

미술관의 정원은 너른 잔디밭이다. 누구나 자유로이 드나드는 미술관과 누구나 자유롭게 뒹굴고 거니는 그 너른 잔디밭이 그러하듯, 가나자와의 문화 벨트는 예술가나 특정 전문가의 것이 아닌 시민들의 공간이다. 잔디밭에 앉아 사람들을 바라보고 있자니 어느새 나도 '그곳'에 젖어들고 있었다.

도심으로 들어서 길을 건너면 전통건축물 무장가옥武家屋 거리가 나온다. 옛날 소위 중상급 사무라이들의 마을이다. 노무라 가옥野村家 등 옛 집들과 함께 거리 전체를 옛 정취가 흐르도록 관리하고 있다. 무장가옥 거리를 따라 옛 관개수로가 유유히 흐른다. 물길은 도심에 이르러 폭이 좁아지긴 하지만 여전히 아름답게 흐르며 각진 도심을 부드럽게 감싸안고 있었다.

무장가옥 거리

히가시 찻집거리

히가시 차야가이. 나는 히가
시 차야가이를 두 차례나 갔
었다. 밤에는 환상적인 홍등
빛으로 빛나는 진갈색의 목
조건물들이, 낮에는 그 목조
건물 사이로 화려한 전통 기
모노를 입은 여행객들이 오
래된 전통의 거리를 현대적
인 문화의 거리로 되살려 내
고 있었다.

하늘에서 노래가 내려왔다

가나자와에는 동쪽과 서쪽에 각기 잘 보존된 차야가이茶屋街(찻집거
리)가 있다. 동쪽에는 히가시東 찻집거리가, 서쪽에는 니시西 찻집거리
가 있어 가나자와의 독특한 문화 향기를 풍겨낸다.

차야는 단순히 찻집이 아니었다. 에도 시대 무사들이 게이샤芸妓나
마이코舞妓의 연주와 춤을 술과 함께 즐기던 일종의 유흥음식점이었다.
악기는 주로 샤미센이었고 요리는 가이세키 요리会席料理였다. 그래서 차
야는 우리가 화류계를 말할 때 쓰는 가류花柳 또는 하나마치花街, 유카

쿠遊廓라고도 부른다. 술과 음식이 넘쳐나면서 샤미센의 가녀린 선율과 게이샤들의 노래와 춤이 어우러지던 일본식 풍류가 흐르던 곳이다.

에도 시대 쌀 100만 섬 생산을 자랑하던 풍족한 가나자와는 영주인 마에다가 백성들에게 노래와 춤을 장려했다. 날이 갈수록 풍요가 넘쳐나 "하늘에서 노래가 내려온 곳"이라고도 했다. 그런 문화와 풍류가 차야가이를 번성시킨 것이다. 그런데 자생적으로 형성된 유흥가였기 때문에 자칫 산만하게 난립할 수도 있었던 찻집거리는 지금껏 깔끔하고 질서 있는 거리로 남아 있다. 당시 영주가 집들이 난립하지 않도록 일종의 도시계획을 펼친 덕분이었다.

근대 중반까지는 유조遊女라 불리는 창기娼妓도 남아 있어 매춘도 이루어졌다. 1957년 매춘방지법이 시행되면서 찻집거리는 이제 전통과 추억의 거리로 남아 있다. 지금은 허가받은 몇 곳에서만 가이세키 요리와 게이샤나 마이코들의 연주와 춤이 펼쳐지고 있다고 한다.

대표적인 찻집거리인 히가시 찻집거리는 일부러 해가 저문 뒤에 찾았다. 전통의 유흥거리니 밤의 정취 속에서 거리를 느껴보고 싶었다. 일부러 천천히 저녁을 먹고 어둠을 느끼며 찾아든 차야가이의 골목 입구. 진갈색의 오래된 2층 목조건물들이 300미터쯤이나 곧게 늘어서 있다. 건물들 사이 낮은 목조 가로등마다 은은한, 그야말로 홍등이다. 환상적이었다. 히가시 차야가이는 워낙 유명하여 인터넷에서 익히 사진으로 봤는데도 실제로 보니 탄성이 터졌다. 저절로 옛 시간 속으로 흘러들어간다. 어디선가 샤미센 선율과 시끌벅적하게 떠들며 술 마시는 무사들의 웃음소리가 들려온다. 그대로 한참을 서 있었다.

전통과 현대는 모두 오늘의 것이다

히가시 찻집거리는 약 2000제곱미터(6000평) 넓이에 100여 채의 전통목조건물이 남아 있다. 옛 향기를 머금고 남아 있으니 자주 소설이나 드라마의 배경이 되고 있다. 홍등 아래 애틋한 샤미센 소리라니…. 그 거리에는 얼마나 많은 사연과 감정이 얽혀 있을까. 얼마나 많은 스토리가 태어나고 또 상상케 했을까. 과거의 전통과 문화가 오늘날까지 다양한 장르로 이어지고, 그것이 다시 전통을 되살리게 한다. 오늘도 하늘에서 노래가 내려오며 문화의 힘이 선순환되고 있다.

가나자와 문화 벨트의 서쪽과 동쪽을 잇는 중심에는 번화가가 있다. 신선한 해산물을 비롯하여 개성 있는 맛을 뽐내는 음식점들도 즐비하고, 현대적인 쇼핑거리도 있다. 가나자와 성에서 시작하여 히가시 찻집거리를 구경하고 미술관 소로를 거쳐 21세기미술관 공원에서 유유히 쉬었다가 무장가옥 거리를 걷고 도심 번화가로 나오면 옛것과 현대의 것을 고루 호흡하게 된다. 가나자와 시민들은 매일 그 같은 체험 속에 살겠구나 생각하니 부러움이 든다. 옛것과 현대를 매일매일 체험하는 동안 그들에게는 역사의식과 자기정체성이 끊임없이 생동할 것이고 자신이 살아가는 도시에 대한 자긍심과 문화의식이 항상 넘쳐날 것이다.

역사나 문화의 두께나 깊이는 우리보다 빈약한데, 그걸 살려내고 재창조하여 세계적인 자랑거리로 만들어 살아가는 일본의 그것은 우리가 오히려 배워야 한다.

천년의 세월이 흐르는 세계의 유산

교토

京都

교토는 17개나 되는 유네스코 세계문화유산을 간직하고 있다.
문화유산들을 파편처럼 흩어놓지 않고
각각의 것을 잇는 동선을 설계함으로써
교토의 문화유산들은 존재감 있게 재구성되었다.

낮에는 문화유산이 있고,
밤에는 현대적 자유가 흐르며 젊음이 발산되는 도시.
천년의 도시 교토는 고대로부터 흘러온 묘진가와 물줄기가
젊은이들이 자유롭게 버스킹을 즐기는 현대의 가모가와 강으로 흘러드는,
'시간의 교차점' 위에 세워진 전통과 문화의 도시이다.

전통과 현대의 동선을 잇다

찾아가는 길

간사이 공항을 이용한다. 공항에서 곧바로 교토로 가는 급행열차가 있다.

교토는 단연 일본 최고의 아름다운 도시이다. 도쿠가와 이에야스는 1603년 에도 막부시대를 열면서 교토에 있던 황궁의 간섭에서 벗어나기 위해 수도를 오늘의 도쿄로 옮겼다. 이후 교토는 발전을 멈췄지만 그때까지의 번영을 자랑하듯 현재 17개의 유네스코 세계문화유산을 고스란히 간직하고 있다. 킨가쿠지金閣寺, 긴가쿠지銀閣寺를 비롯하여 영국의 엘리자베스 여왕이 감탄했다는 료안지龍安寺 등이 보배처럼 빛난다. 교토의 세계문화유산을 둘러보려면 최소한 일주일은 머물러야 한다.

교토는 워낙 세계적인 명성의 여행지라 이 책에서까지 소개할 필요가 있을까 망설이기도 했다. 그럼에도 불구하고 교토를 빼놓을 수 없었던 이유는 일본의 도시나 마을의 아름다움의 기원이 교토에 있기 때문이다. 또한 문화유산만이 아니라 교토라는 도시의 매력적인 도시계획과, 문화유산 뒤에 가려진 아름다운 거리를 살펴보려 하기 때문이다.

교토의 세계문화유산은 교토 전역에 두루 흩어져 있다. 시내의 여러 사찰이나 신사를 중심으로 북쪽으로 오하라大原 지역과 서쪽으로 아라시야마嵐山 지역까지 세계문화유산의 전시장이다. 가나자와와 마찬가지로 교토 역시 문화유산들이 파편화, 원자화되지 않도록 도심을 현대와 중세가 조화되도록 설계했다.

교토의 도심은 남북으로 가로지르는 가모가와鴨川 강을 중심으로 기요미즈데라淸水寺에서 폰토초先斗町까지 크게 이어져 있다. 가모가와 강의 동쪽 문화유산지구와 서쪽의 번화가 및 유흥가가 동선이 이어지도록 설계됐다. 자칫 가모가와 강이 경계가 되어 버릴 수 있었지만 오히려 강 주변의 건축물에 전통적 형식을 유지하고 수변공간을 넓게 조성하여 휴식과 문화의 공간으로 만들었다. 동서남북으로 약 1.5킬로미터의 구역을 통째로 걷고 싶은 거리로 설계한 것이다. 짧지 않은 거리인데도 그 거리를 여행객들은 피곤한 줄 모르고 걷는다. 볼거리가 이어지기 때문이다. 보행 동선이 살아있는 데엔 의식하지 않으면 알 수 없는 중요한 이유가 있다. 해당 구역을 고층빌딩이나 현대적인 상업가로 개발되도록 허가를 내주지 않았다는 것이다. 만약 그 사이 어느 구역에라도 고층빌딩촌이 들어섰다면 사람들의 동선은 끊어지고 말았을 것이다.

두 개의 언덕 위론 추억이 쌓인다

산네이자카와
니넨자카

교토 여행의 상징인 기요미즈데라에서 여행을 시작하면 자연스럽게 기온祇園 거리 쪽으로 동선이 이어진다. 발길을 이끄는 중요한 통로는 아기자기한 재미가 빼곡한 언덕길, 산네이자카와 니넨자카이다.

'자카坂'란 언덕길을 일컫는다. 언덕길은 오르기는 힘들어도 전망이 좋다. 그래서 일본의 여러 마을들은 언덕의 경사진 길과 계단들을 돌로 잘 다듬고, 멀리 보이는 경관을 만끽하도록 조성하여 힘든 언덕길을 오히려 매력적인 곳으로 만들었다. 대표적인 자카가 영화 러브레터에서 히로코가 눈쌓인 거리를 자전거를 타고 내려가던 하코다테의 바다가 보이는 하치만자카이다.

교토에서는 산네이자카가 유명하다. 산네이자카라고도 부른다. 거

대한 규모의 절로 유명한 기요미즈데라로 오르는 언덕길이다. 기요미즈데라를 오가며 만나는 산네이자카는 아름답고도 쏠쏠한 재미가 있다. 100년이 더 된 흑갈색의 목조건물들이 비좁은 언덕길 사이로 비뚤비뚤 자리잡고 있어 멀리서 내려다보면 장난감 미로처럼 애정이 간다. 때로는 돌계단 길을, 때로는 돌판이 깔린 오르막길을 걸으며 아기자기한 공예품, 군침도는 군것질거리, 예쁜 찻집을 구경하다 보면 시간이 한정없이 흐르기도 한다. 저마다 참 정성껏 상점들을 꾸며 놓았다.

산네이자카라는 이름의 기원도 재미있다. 전국시대를 통일한 도요토미 히데요시의 정부인으로 네네라 불리던 고다이인高台院은 히데요시가 전국을 통일한 후에도 후사를 잇지 못하고 있었다. 그녀가 기요미즈데라에 올라 출산을 기원했는데, 이후 일반인들도 출산을 기원할 때 이 길을 오른다고 해서 산産자와 녕寧자를 썼고, 이어지는 니넨자카의 영향으로 산넨자카三年坂로도 불리게 되었다.

산네이자카의 끝자락에는 히데요시가 죽은 뒤 네네가 은거하던 고다이지高台寺가 있다. 고다이지는 세계문화유산은 아니지만 교토를 여행할 때 반드시 찾아볼 것을 권한다. 큰 규모의 절과 신사들 사이에 소박하고 단아하게 자리잡은 고다이지에서 네네의 파란만장했던 일생에 젖어보는 맛이 있기 때문이다.

산네이자카의 아랫길은 니넨자카二年版로 이어진다. 아랫마을에서 기요미즈데라까지 이어지는 힘겨운 언덕길에 "여기서 멈추면 2년 안에 죽는다"라는 풍문을 만들어 힘을 내도록 격려하느라 니넨(2년)이라는 이름이 붙여졌다고 한다.

세계문화유산 기요미즈데라를 찾은 교토 여행자들은 산네이자카와 니넨자카를 오르는 맛에 더 깊은 인상을 받지 않을까. 언덕길을 볼품없이 방치하지 않고 그 전통과 특성을 살려내 특색 있게 만든 두 언덕길을 어두워 가로등이 밝혀질 때까지 걸었다.

신의 정원에 걸린 홍등
홍등 너머의 자유

도심에 내려서면 유명한 기온 거리를 만난다. 기온의 현재 이름은 야사카진자八坂神社이다. 그러나 전통적으로 기온이라 불려왔기 때문에 신사 앞의 거리는 여전히 기온 거리로 불린다. 기온의 한자를 우리말로 읽으면 '기원'이다. 기祇는 흔히 쓰지 않는 '귀신 기'자다. 불교 등 다른 종교가 전해지기 전부터 백성들이 믿어왔던 '신神'들을 통칭하는 말이다. 기온은 불교가 도입되기 이전의 신과 부처를 통합시킨 신불통

합의 신앙지다. 우리나라의 절 이름 중에도 더러 보이는 기원정사祇園
精舍의 유래도 같은데, 인도로부터 유래했다고 한다. 기온 거리는 현재
교토의 중심축이다.

　기온 거리에 들어서면 어렵지 않게 하나미코지花見小路로 접어든다.
교토의 유명한 유흥가 차야가이이다. 어둑해질 녘이면 짙은 화장을
한 게이샤들이 제대로 기모노를 차려입고 요정으로 출근하는 모습을
볼 수 있다. 이제 매춘은 이루어지지 않지만 술과 음식, 그리고 샤미센
과 게이샤와 마이코가 멋진 밤을 선사하는 모양이다. 400미터쯤 되는
곧은 골목길을 따라 나란히 들어선 짙은 갈색의 차야들은 저마다 붉
고 둥근 홍등을 내걸었다. 그 황홀한 풍경 속에 여행객들이 넘친다.

교토의 유명한 차야가이였
던 하나미코지 거리. 저녁
무렵이면 기모노를 차려입
은 게이사들을 심심찮게 볼
수 있다.

전통적 건조물군 보존지구로 지정받은 기온신바시 지구. 본래는 여기도 차야가이였는데, 지금은 오른편에 흐르는 천을 끼고 유럽 음식을 파는 현대적 레스토랑들이 줄지어 있다.

하나미코지의 황홀한 광경을 뒤로 하고 큰 길을 건너면 기온신바시祇園新橋 지구다. 크지 않은 하천을 끼고 버드나무가 우거진 거리에는 차야가 운영되던 목조건물들이 나란하다. 지극히 일본스런 전통적 풍경의 신바시 지구는 대로의 뒤편에 숨어 있다. 여행객들은 하나미코지가 워낙 유명해서 신바시 지구를 놓치고 가기 십상이다. 현재는 오히려 신바시 지구 일대가 전통적 건조물군 보존지구로 지정받아 있고, 하나미코지 지역은 역사적 풍경 특별수경지구로 지정되어 있다.

이제 강을 건너간다. 그런데 기온 거리부터 건너편 교토 최대의 번화가 가와라마치河原町 거리로 가는 시조 대교 위에 젊은이들이 까맣게 몰려 있다. 가모가와 강변에서 크고 작은 버스킹busking이 다양하게 펼쳐지고 있는 것이다. 바닥에 주저앉은 관객들은 맥주를 손에 들고 어깨를 흔든다. 자유가 넘친다. 가슴이 뛰는 것은 나이와 무관한 모양이다.

시조 대교를 건너면 곧바로 남북으로 이어진 아주 좁은 골목길이 나타난다. 800미터에 이르는 선술집 골목, 폰토초先斗町다. 오래전에는 폰토초 골목도 차야가이였는데 점차 일반 술집으로 바뀌어왔다. 폰토초는 국제적인 선술집 거리이다. 세계 각국의 여행객들이 좁은 골목을 비집고 다니며 술집을 드나든다. 다양한 이자카야는 물론 세계 각국의 음식점이 대중적이면서도 알차다. 가모가와 강변의 젊음의 자유는 폰토초 거리로 꼬리를 잇고 있었다.

언뜻 서울 종로의 옛 피맛골이 생각났다. 딱 그만큼 좁은 골목, 딱 그만큼 작고 다양한 선술집, 뭐니뭐니 해도 자유가 넘치는 골목길이었기 때문이다. 그런데 종로는 이미 도심재개발 방식으로 낡은 상가들을 모두 철거하고 고층건물군이 들어섰다. 피맛골은 사라졌다. 몇 년 뒤 다시 찾은 폰토초는 인근의 기야마치木屋町 거리까지 그 자유로움을 확장시키고 있었다.

젊음이 발산되는 천년의 도시. 문화유산들을 파편처럼 흩어놓지 않고 각각의 것을 잇는 동선을 설계함으로써 교토의 문화유산들은 존재감 있게 재구성되었다. 교토는 그 전체가 천년을 넘나드는 하나의 문화공간인 듯하다. 낮에는 문화유산이 있고, 밤에는 현대적 자유가 흐르는 도시. 교토는 며칠 낮밤을 보내도 지루하지 않다.

철학의 길

철학의 길, 길 위의 철학

　다음날 밤새 풀어졌던 마음을 추스르고 교토를 평화롭게 흐르는 두 개의 물길을 보러 나섰다. '철학의 길哲学の道'과 '묘진가와明神川 강' 이다.

　철학의 길은 불교 임제종의 본산인 난젠지南禅寺에서 긴카쿠지에 이르는 조용한 산책길이다. 본래 용수로의 좁은 관리도로였다. 약 2킬로미터에 달하는 폭 3미터가량의 길인데, 용수 관리용 도로라 잔디와 이끼만 살던 길이었지만 주변에 집들이 늘고 호젓한 분위기를 좋아하는 사람들이 걷기 시작하면서 산책길로 자리잡았다.

　메이지 시대부터는 주로 문인들이 많이 산책해 '문인의 길', '산책의 길', '사색의 길' 등으로 불리다가, 교토 대학의 대철학자인 니시다 기타로나 다나베 하지메 등이 산책하면서 '철학의 오솔길'로 불리기도 했다. 1972년경 주민들이 본격적인 보존운동을 펼치면서 '철학의 길'로 명명해 현재에 이르고 있다.

　니시다 기타로는 일본의 세계적인 불교철학자인 스즈키 다이세쓰와 비슷한 연배로 그와 사상적인 맥이 닿아 있는 철학자다. 둘 다 불교철학을 기본으로 즉비卽非의 논리를 펼쳤다. 무無의 사상, 즉 공즉시색空卽是色 색즉시공色卽是空의 사상을 뿌리로 한다.

　철학의 길은 그 거창한 이름에 비해 특별할 것이 없어 의외이고, 또 그래서 철학의 길임을 깨닫게 하는 길이다. 어느 하나 인위적으로 꾸미지 않은 자연스러운 길. 자연스레 돋아 자라났다는 굵은 벚나무를 중심으로, 흐르는 계절이 주는 변화를 온전히 담고 있다. 봄날의 눈부신 벚꽃과 여름의 푸르른 잎, 가을날의 단풍과 석축과 빈 가지 사이로

쌓이는 겨울의 눈송이. 그리고 조용히 흐르는 물길. 주머니에 깊이 손을 넣고 느릿느릿 철학의 길을 걷는다. 어느새 머릿속에 채워져 있던 것들이 비워진다. 흐르는 시간, 자연의 변화, 돋아남, 자라남, 익어감, 늙어감…. 그 시간을 관통하며 흐르는 그 무엇이 철학이 아닐지.

긴가쿠지 주변에서 점심을 먹고 구글 지도를 보며 지친 다리를 끌고 찾아간 곳 역시 조용한 주택가였다. 신전들을 굽이굽이 돌아 흘러내려왔다는 묘진가와明神川 강이 흐르는 곳이다. 묘진가와 강의 물줄기는 신이 내려왔다는 가미가모 산에서 왔다. 가미가모 산은 전설적인 초대천황 진무천황 때 세웠다는, 일본의 오래된 신사 중 하나인 가미가모 신사上賀茂神社를 품고 있다. 묘진가와 강은 바로 그 가미가모에서 발현되어 신사 안의 신전들을 돌아 마을에까지 이른다. 마을사람들은 그 물길의 성스러운 은덕에 감사하며 그 물길을 소중하게 보존하고 관리하

철학의 길. 걸어서 2시간가량 걸리는 철학의 길은 북적거리는 교토 여행 속에서 일부러 시간을 내어 산책할 만한 곳이다. 교토의 진정한 힘을 사유하게 한다.

묘진가와 강이 흐르는 마을.
가미가모 신사에서 흘러온 묘
진가와 강은 주택가를 평온하
고도 풍요롭게 감싸고 있다.

고 있었다. 저물어가는 저녁의 주택가는 더없이 평화롭다.

고즈넉하게 줄 서 있는 흑갈색 목조건물들, 묘진가와 강의 수량 풍
부한 물길, 물길 위의 옛 돌다리들, 고목의 늘어진 푸른 잎사귀…. 그
모든 것이 어우러져 전통마을 최고의 풍치를 느끼게 한다. 오래도록
물끄러미 흐르는 물길을 보았다. 묘진가와 강의 물은 높은 곳에서 낮
은 곳으로 흐르는 것이 아니라 고대로부터 현대로, 시간을 따라 흘러
내려 온 듯했다.

천년의 도시 교토는 고대로부터 흘러온 묘진가와 강이 젊은이들이
자유롭게 버스킹을 즐기는 현대의 가모가와 강으로 흘러드는, 시간의
교차점 위에 세워진 전통과 문화의 도시이다.

사무라이에서 출발해 낭만이 된 도시

가마쿠라

鎌倉

사무라이들은 공공의 원칙을 정하면 목숨처럼 지켰다.
쓰레기와 불법주차가 없는 일본 거리의 정갈함은
공공의 원칙에 엄격한 사무라이 자손들의 기질 덕분이다.

가마쿠라는 사무라이 정권이 시작된 150년의 도읍지로
중세시대 가마쿠라 막부가 심혈을 기울인 계획도시다.
도시 전체가 6개의 대로로 이루어져 있는데,
궁 바로 앞의 와카미야 대로는
일본의 아름다운 길 100선 중에서도 으뜸으로 꼽히고 있다.
일본은 약칭 '고도보존법'을 만들어
오래된 도시들에 건축물의 난개발을 제한했다.
이 법을 통해 가마쿠라는 하치만 궁 뒤편에 대규모 택지 조성이
이루어지는 것을 막고 보존과 개발의 균형을 이루어왔다.
가마쿠라는 도시 전체가 오래된 이야기를 품고 있는 하나의 작품 같은 도시다.

일본스러운 모든 것의 밑바닥엔 사무라이 정신이 있다

찾아가는 길
도쿄의 공항들을 이용하면
된다. 도쿄 역에서 한 시간
남짓 걸린다.

일본은 12세기부터 바쿠후幕府라 불리는 무사권력에 의한 무사정치의 나라였다. 무사정권을 바쿠후라 부르는 것은 전쟁터의 지휘본부인 막부에서 기원됐다.

무사권력은 크게 쇼군將軍과 다이묘大名 그리고 사무라이侍의 서열로 이루어지는데, 사무라이는 무사 출신의 관리나 관료계급을 말한다. 모신다는 뜻의 시侍를 쓰니 마치 시중드는 하급 일꾼으로 받아들일 수 있지만, 그들이 충성해 마지않는 주군을 모신다는 뜻이기 때문에 격이 낮은 것이 아니다. 사무라이를 우리는 단순히 칼을 잘 쓰는 무사로만 여기곤 하는데, 그들은 다이묘라 불리는 영주의 바로 아래에서 영주를 보좌하는 관료계급이다.

무인이 가지는 독특한 특성들은 일본 사회의 여러 분야에 반영되어 있다. 원칙과 기준을 목숨처럼 여기는 태도가 대표적이다. 그들은 공공의 원칙을 정하면 목숨처럼 지킨다. 일본을 한 번이라도 여행해 본 사람이라면 그토록 쓰레기와 불법주차가 없는 거리의 정갈함에 놀라게 된다. 공공의 원칙에 엄격한 사무라이 자손들의 기질이다.

조금 더 깊이 들여다보면 사무라이들이 그런 기질을 갖게 된 것은 단지 무인이기 때문만은 아니었다. 인구의 대부분을 차지하는 농민이나 평민, 천민들을 지배하는 상층부 관료계급이었기 때문에 그들 나름대로 노블레스 오블리주를 위해 노력한 결과다.

에도 시대에 들어서면 사무라이들은 지식 연마에도 힘쓴다. 자신들이 백성들을 지도하고 그들의 모범이 되어야 한다는 자긍심을 가졌기 때문에 학문도 게을리 하지 않았고 생활도 근검절약했다. 궁핍한 농민들을 고려하여 육식도 자제했다. 근대화 과정에서는 중간 지식인의 역할도 톡톡히 해냈다. 메이지 유신을 시도하고 성공시킨 것도 사무라이들이다.

가마쿠라는 일본의 무사정권이 시작된 최초의 근거지이다. 오늘날까지 일본 문화에 큰 영향을 준 중세시대 무가적인 정치경제나 사회구조, 종교 및 문화가 시작된 곳이라 해도 과언이 아닌 곳. 가마쿠라에선 그 보이지 않는 속까지 들여다 보아야 한다.

대로에 새겨진 중세의 도시계획

가나가와 현의 가마쿠라는 도시 전체가 오래된 이야기를 품고 있는 하나의 작품 같은 도시다. 인구 약 17만의 작은 도시지만 한때 역사적으로는 교토에 뒤지지 않을 만큼 중요한 곳이었다. 가마쿠라는 미나모토노 요리토모源賴朝가 가마쿠라 바쿠후를 개설하고 약 150년 동안 도읍지였다. 오래된 궁궐과 거리, 아름다운 바다와 섬, 명물인 전차 여행의 낭만이 함께 어우러져 있다.

가마쿠라는 중세시대 가마쿠라 바쿠후가 심혈을 기울인 계획도시다. 쓰루가오카하치만구鶴岡八幡宮라는 궁을 중심으로 대규모 도시계획이 이루어져 있다. 도시 전체가 6개의 대로로 이루어져 있는데, 궁 바로 앞의 거리인 와카미야 대로若宮大路는 일본의 아름다운 길 100선 중에서도 으뜸으로 꼽히고 있다.

와카미야 대로는 궁으로 가는 오래된 참배길로 이미 11세기 초에 건

와카미야 대로가 끝나는 지점
인 쓰루가오카하치만구 입구.

쓰루가오카하치만구

설된 약 1.8킬로미터에 달하는 왕복 8차선의 대로다. 기껏해야 가마나
우마차 정도가 다니던 때에 그런 대로가 건설되었다는 것은 놀라운 일
이다. 쇼군인 미나모토노 요리토모가 직접 관여하여 설계하고 건설에
앞장섰다고 전해진다. 일본에서는 고대부터 천황이 거처하는 궁궐의
위엄을 드높이기 위해 궁궐에 이르는 장대한 진입로를 만드는 풍습이
있었다. 그 대로는 남쪽에서 진입한다고 해서 남방 신의 이름 주작朱
雀을 붙여 주작대로라 불러왔다. 요리토모는 하치만구에 이르는 길을
주작대로로 만들고 싶어했다. 마침 요리토모의 아내 마사코가 임신을
하고 있어서 요리토모는 마사코의 순산을 기원하는 뜻에서 와카미야
대로를 만들어 시주했다고 전해 온다.

　가마쿠라 역은 곧바로 와카미야 대로로 연결된다. 와카미야 대로로
접어드는 순간 이제껏 보지 못했던 특이한 도로를 만났다. 양쪽으로
꽤 넓은 보행자 공간을 두고 왕복 각 2차선의 차도가 있는데, 다시 그

와카미야 대로. 길 한가운데
에 약 1.5미터의 단을 쌓아 2
차선 너비의 보행자 도로로
조성했다. 11세기 초 이 길이
조성될 당시의 역사적 자료
에 근거해서 복원했다.

한가운데 중간분리대 지점에 2차선 너비의 보행자 도로가 나 있다. 그
보행자 공간은 약 1.5미터 정도의 높은 단 위에 설치되어 있었다. 언젠
가 센다이仙台 시에서 도로의 중심부에 분리대 겸 넓은 보행자 공간을
설치해 놓은 것은 봤지만 단을 높여 놓기까지 한 것은 아니었다. 한 단
위에 올려진 보행자 공간은 양쪽으로 푸른 가로수와 꽃들로 아름답게
조성되어 있었다. 화단을 따라 걷는 기분도 좋지만 위에서 차도를 내
려다보며 도로 한가운데를 걷는 맛이 신선하고 독특했다.

그들이 도로 한가운데를 높이기까지 하여 매력 있는 보행자 공간을
만든 데는 시민들의 힘이 있었다. 요리토모가 애써서 만든 와카미야
대로는 경제성장 과정에서 거대한 차도가 되고 군데군데 육교가 건설

되면서 멀리 보이던 하치만 궁의 경관도 막히게 되었다. 이를 안타깝게 여긴 시민들은 가마쿠라의 전통적·문화적 경관을 보존하자고 나섰고, 시민 공모를 통해 육교들을 철거하고 도로 중간에 숲길로 이루어진 중앙분리대 겸 보행자 공간을 만들게 되었다.

그 아이디어는 설계자의 독창적인 작품이 아니라 참배길의 중간에 단을 높혀 화단을 쌓았다는 역사적 기록에서 얻은 것이었다. 그때 쌓인 단은 단카즈라段葛라 불렸다. 당시 보행자 거리로 복원하며 민관협의회에서는 네 가지의 원칙을 세웠다. 첫째는 단카즈라를 복원한다는 것, 그리고 과거 단카즈라에 있었던 수목을 복원하여 계절감을 즐긴다는 것, 셋째는 예전에 존재했던 곳곳의 광장도 함께 복원하고 마지막으로 본래 요리모토가 와카미야 대로를 만들 때 민중들이 함께 만들었다는 사실을 되살려 관과 시민이 협력해 조성한다는 것이었다. 천년의 시간을 되돌려 와카미야 대로가 다시 새롭게 태어난 것이다.

거대한 규모인 와카미야 대로는 그 뒷골목에 소로를 끼고 있다. 대로와 평행을 그리며 대로를 따라 이면에 뻗어 있는 고마치토오리小町通り는 다양한 수공예품 판매점과 음식점들로 여행객들이 붐비고 있었다. 대로는 대로답게 명성과 위상을 과시하고, 그 안쪽으로는 골목길을 꾸며 실리와 재미를 살리고 있는 것이다.

1902년을 싣고 달리는 낭만전철 에노덴

가마쿠라가 교토보다도 더 오래된 문화유산을 가지고 있긴 하지만 사실 특징적으로 남은 유산은 궁과 참배길, 즉 하치만 궁과 와카미야

가마쿠라의 명물 에노덴. 에노덴 너머로 슬램덩크 농구부원들이 훈련하던 모래사장이 보인다.(사진: 에노덴 운영사 홈페이지)

가마쿠라 고교 앞 해변

에노시마

대로 정도이다. 가마쿠라는 전통의 도시라기보다는 철저히 문화의 도시라 하는 것이 옳을 듯하다. 가마쿠라는 전통의 향기보다는 재미와 낭만의 묘미가 더 눈길을 잡는다.

가마쿠라는 길게 바다를 끼고 있다. 동쪽으로 가마쿠라 역과 와카미야 대로가 있고 서쪽 끝에는 도쿄 시민들도 사랑하는 에노시마江/島라는 섬이 있다. 그 사이를 차창으로 바다를 바라보며 달리는 노면전차 에노시마 전철이 달린다. 줄여서 '에노덴江/電'이라고 부른다. 1902년에 개통된 에노덴은 여행객들의 사랑을 독차지 하고 있다. 시대가 달라졌다고 굳이 새로운 교통시설을 돈들여 만들지 않았는데 오히려 그게 큰 몫을 하고 있는 셈이다. 하지만 요즘은 에노덴이 가마쿠라 시민들의 중요한 생활교통수단이기도 한데, 늘어난 여행객들이 에노덴을 점령해 버려 시민들은 곤욕을 치른다는 배부른 호소도 나오고 있다.

에노덴이 달리는 중간 지점쯤의 언덕에는 그 유명한 만화 《슬램덩크 Slam Dunk》의 배경이 된 가마쿠라 고등학교가 있다. 가마쿠라 고교의 아래쪽 시치리가하마 역 해변가에는 해외에서까지 찾아온 연인들이 평일에도 길게 줄을 서는 세련된 브런치 맛집들이 있다. 특히나 도쿄의 젊은 연인들에게 최고의 인기라고 한다.

에노덴의 종점에서 이어지는 에노시마는 해안 사구에 의해 자연스럽게 육지와 연결된 산 모양의 섬이다. 탁 트인 바다 전망에 볼거리도 많고 먹을거리도 많다. 좁은 등산로 주변에는 상점들이 빼곡히 연이어 있다. 에노시마로 들어가는 해안사구길은 모세의 기적 길을 걷듯이 흥미롭다. 섬의 정상 언저리에 자리한 식당에 앉으면 창밖으로 몸집 큰 독수리 수십 마리가 한없이 너른 창공을 헤치며 날아다닌다. 가끔 독수리의 생태를 잘 모르는 여행객들이 갈매기에 먹이를 던지듯 먹이를 들고 독수리를 꾀는 모양이다. 사고가 적잖은지 여기저기 독수리를 주의하라는 경고가 붙어 있다. 푸르른 바다와 바다보다 더 너른 창공을 이고 사람의 손길이 닿은 아기자기한 풍경들. 에노시마는 과연 데이트코스로 이름날 만하다.

만비키 가족의 휴머니티는 가마쿠라에 담겨 있다

슬램덩크에 나오는 에노덴과 철도건널목 등이 바로 눈앞에 겹쳐진다. 고등학교 불량학생들이 농구에 대한 집념으로 새로운 인생에 도전하는 슬램덩크는 영화와 게임으로도 만들어졌는데, 만화책으로만 전 세계에서 1억 5000권 이상 팔렸다고 한다. 강백호를 비롯한 선수들이 실내 훈련이 끝나면 웃통을 벗어젖히고 바닷가 모래사장으로 힘차게 달려나가 바닷물에 풍덩 빠지는 장면이 그려진다.

영화 〈바닷마을 다이어리〉에
서 네 자매가 어울려 걷던 가
마쿠라 해변. 멀리 에노시마
섬이 보인다.

가마쿠라 해변은 또 고레에다 히로카즈是枝裕和의 영화 〈바닷마을 다
이어리海街diary〉의 배경이기도 하다. 일찍이 집을 버린 아버지와 떨어져
살며 성장한 세 자매가 아버지가 돌아가시자 혼자가 된 배다른 여동
생을 가족으로 받아들이는 훈훈한 영화다. 네 명의 자매가 가마쿠라
의 해변을 거닐며 가족이 되어가는 모습은 현대사회의 휴머니티를 되
돌아보게 했다. 세계적인 감독 히로카즈는 해체되는 혈연가족과는 또
다른 인간애를 모색하는 새로운 의미의 가족이라는 휴머니티를 줄기
차게 추구해 왔는데, 2018년 결국 〈만비키 가족万引き家族〉이라는 영화
로 칸영화제 황금종려상을 받았다. 우리나라에서는 〈어느 가족〉이라
는 제목으로 상영됐다. 큰 훼손 없이 잘 다듬어진 가마쿠라라는 낭만
적인 공간이 스크린으로 만화로, 다양한 모습으로 세계에 휴머니티를
전하고 있는 셈이다.

도쿄에서 문인들이 몰려와 살다

가마쿠라가 문화도시로 안착하게 된 데는 역사적 전통에 힘입은 바가 크다. 일본은 현대화 과정에서 최소한 전통을 보존하기 위해 약칭 '고도보존법古都保存法'을 두고 오래된 도시들에 건축물의 난개발을 제한했다. 1950년대 중반부터 급격하게 진행된 경제성장과 개발에 대한 반성으로 1966년 제정된 법률적 제한이다. 이 법을 통해 가마쿠라 역시 하치만 궁 뒤편에 대규모 택지 조성이 이루어지는 것을 막고 보존과 개발의 균형을 이루어 왔다.

고도로서의 분위기를 지켜낸 가마쿠라에는 도쿄로부터 많은 문인

◀ 에노시마를 오르는 길. 빼곡히 자리잡은 아기자기한 가게들로 30분 이상의 오르막 산길이 심심치 않다.
▲ 와카미야 대로의 뒷골목인 고마치토오리는 다양한 수공예품점과 음식점들로 가득차 와카미야 대로에 재미를 보태준다.

들이 이주해 왔다. 도쿄는 1923년의 관동대지진으로 큰 피해를 입은 데다가 이후 가마쿠라까지 철도가 놓이며 도쿄까지 접근성도 좋아졌기 때문이다. 가마쿠라로 이주해 오는 문인들이 많아지자 가마쿠라분시鎌倉文士라는 말까지 생겨났다. 가마쿠라의 문인들을 총칭하는 말이다. 그 유명한 《설국雪国》으로 노벨 문학상을 받은 가와바타 야스나리도 50대가 되자 가마쿠라에 살았다. 가마쿠라 역에서 멀지 않은 곳에는 가마쿠라 문인들의 작품과 생활문화를 기념하는 가마쿠라 문학관도 있다. 옛 후작이 사용하던 별장을 개조한 고택이다.

가마쿠라에서 나는 2박3일을 머물렀다. 오래된 궁궐과 웅장한 옛 거리 그리고 푸른 바다와 창공. 뿐만 아니라 시내 어디든 걷는 맛이 있었다. 곳곳에 스토리가 묻어 있고 유서 있는 낭만의 문화가 있었다.

산수 좋은 양평군의 서종면에 들어와 산 지 10년이 되면서 다시 도시에 나가서는 살지 못하겠다고 생각하며 살고 있다. 그런 나의 생각을 바꿔놓은 곳이 가마쿠라다. "도시라 해도 가마쿠라 정도면 살아보고 싶다!"

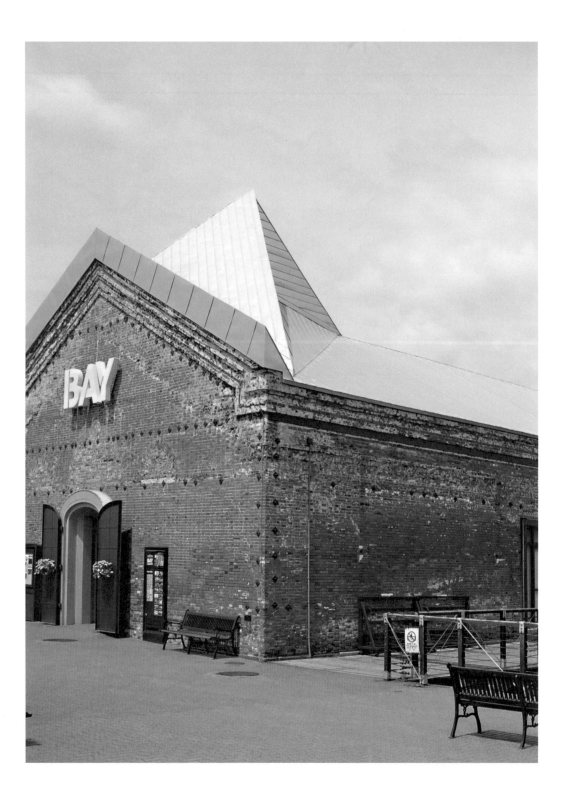

러브레터, 그 순정의 무대

하코다테·오타루

函館·小樽

1970년대 오일쇼크로 공업도시화조차 어려워지자,
당국은 시민들과 합의하여 하코다테를 지역 특성을 살린 문화도시로 만들어갔다.
그렇게 만들어진 하코다테에는 아직도 노면전차가 다닌다.
아름다운 비탈마을에 근대문화유산이 즐비한 하코다테는
도시 전체가 거대한 영화세트장 같다.

당시 오타루 시는 운하를 완전 매립하고 옛 창고군을 해체하여
6차로의 해안도로를 만들기로 결정했다.
이후 운하의 매립과 보존을 둘러싼 '운하논쟁'이 10여 년간 계속됐다.
결국 오타루 운하와 창고군은 '오타루 역사경관구역'으로 지정되어
오타루를 대표하는 관광지가 됐다.
오랜 논쟁 끝에 살려낸 도시가 역사와 문화와 예술을
새롭게 빛내고 있는 것이다.

세계 3대 야경이 된 개항지 하코다테

찾아가는 길
두 군데 모두 삿포로의 신
치토세 공항을 이용하는데,
하코다테는 아오모리 공항
에서 신칸센으로 가는 방법
도 있다.

우리에게 알려진 손꼽히는 일본 영화 가운데 하나가 〈러브레터〉이
다. 남녀 간의 사랑을 넘어 인간이 가질 수 있는 가장 애틋하고 따뜻
한 감성을 그린 영화다. 주인공인 히로코가 하늘에서 내리는 눈을 바
라보며 현존하지 않는 그 무엇을 그리워하는 포스터는 언제 봐도 매력
적이다. 러브레터의 감성을 그대로 느낄 수 있는 여행지가 영화의 무
대, 하코다테와 오타루다.

홋카이도의 하코다테와 오타루는 1858년경 일본의 대표적인 근대
개항지들이다. 하코다테가 조금 더 빠르다. 홋카이도는 메이지 유신
무렵 일본 본토의 정치에 편입되기 전까지는 아이누ｱｲﾇ 족 또는 에미
시蝦夷 족이라 불리던 종족이 살던 곳이다. 개항 이후 본격적으로 도시
계획이 이루어졌다.

하코다테는 홋카이도의 남쪽 끝에 살찐 꼬리처럼 붙어 있다. 지도
를 확대해 보면 꼬리에 또 작은 꼬리가 달린 듯한 모양이다. 그 꼬리
끝의 뭉툭한 지점에 해발 334미터의 하코다테 산이 솟아 있다. 그래서
하코다테는 산을 뒤로 하고 항만을 바라보는 형태로 도시가 형성되었
다. 항만이 있는 평지에는 도심의 상업지역이 들어서고, 하코다테 산
을 등진 언덕에는 주거지가 들어섰다. 거기다가 도심지역이 형성된 항
만의 양끝이 바다를 향해 길게 뻗어내린 형상이라서 밤에 하코다테
산 정상에 올라서면 도심과 항만에 펼쳐지는 불빛 야경이 더없이 아름
답다. 나폴리, 홍콩과 함께 세계 3대 야경으로 꼽히기도 한다.

하코다테의 야경. 바닷물이 깊이 들어와 잘록한 허리를 지닌 지형이 야경을 더욱 멋스럽게 한다. 나폴리, 홍콩과 함께 세계 3대 야경으로 꼽힌다.

비탈의 미학, 비탈의 근대사

하코다테의 경관지역은 크게 두 곳으로 나뉜다. 언덕의 자카 지역과 부둣가의 항만지역이다. 하코다테는 개항 이후 주거지가 속속 들어서던 당시부터 거리에 불이 자주 났다. 특히 1878년과 1879년에 연거푸 대화재가 발생하자 시는 도로를 방화선으로 이용하기 위하여 언덕에서 항만에 이르는 길을 20개 정도로 분산시키고 그 폭을 대폭 넓혔다. 그 세로의 길들은 언덕의 가로 길들과 연결되어 기울어진 격자 모양의 골목길 구조가 만들어졌고, 그 위에 거주 공간이 설계됐다. 그렇게 계획된 거주공간에 개항 직후 외국인들의 서구식 주택과 일본 주

택들이 적절히 조화되며 들어섰다. 심지어는 1층은 일본식으로 2층은 서구식으로 절충하여 지은 건축물도 있어 무엇이든 받아들이던 하코다테의 특징 있는 경관을 만들어냈다.

언덕에서 항만으로 내려오는 수직의 길에 비탈이라는 뜻의 자카라는 이름이 붙었다. 하코다테에는 20여 개의 자카가 있다. 대표적인 자카가 니주켄자카二十間坂. 방화도로 목적으로 넓게 설계되었는데 이름처럼 20칸, 즉 목조건물의 길이를 재는 1칸이 3미터 가량이니 총 36미터의 폭이다. 차량통행이 거의 없던 19세기 당시를 감안할 때 실로 넓은 도로이다. 현재에도 차량 통행은 그리 많지 않아 가운데 부분만 왕복 2차선으로 사용하고 나머지는 크고 오래된 고목들과 넓은 보행자 도

하코다테 하치만자카. 언덕 길 위에서 멀리 하코다테 항구가 보인다. 하코다테에는 이런 자카가 20여 개 있다.

로로 이루어진 시원스런 공간이다.

아름답기로 이름난 자카는 하치만자카八幡坂다. 수십 편이 넘는 영화와 드라마의 배경으로 유명하다. 하치만 궁이 있던 자리의 하치만자카에서 멀리 비탈 아래를 바라보면 그대로 바다까지 이어질 것 같은 착각을 일으킨다. 자카를 내려가다가 중간쯤 어디에 걸터앉아 항구를 배경으로 원경을 찍으면 모델이 누구라도 절로 작품이 될 듯하다.

20개의 자카가 이리저리 이끄는 언덕을 걷노라면 일본의 외교사가 담긴 다양한 근대문화유산들과 만난다. 일본 최초의 콘크리트 사원인 혼간지와 일본 최초의 러시아 정교회인 하코다테 정교회, 하코다테 공회당, 영국과 러시아의 옛 영사관 등이다. 추적추적 비가 내리는 날이었지만 잠깐씩 쉬며 자카를 거닐다 보니 왼쪽으로는 문화유산들이, 오른쪽으로는 멀리 바닷가의 풍경이 눈을 즐겁게 한다.

안과 밖의 반전, 붉은 벽돌 창고군

가네모리 쇼핑센터

이름난 하치만자카를 통해 항만으로 내려갔다. 하코다테 부둣가의 구경거리는 단연 항만의 가네모리金森 붉은 벽돌 창고군이다. 창고들은 근대 개항기 항만 매립지에 교역품 하역창고로 지어졌다. 홋카이도의 경제가 발전하고 육상운송이 늘면서 필요없게 되었지만 철거하지 않고 근대문화유산으로 보존했다. 그 창고건물들을 개항 초기부터 하코다테에서 선박회사와 양품점을 운영하던 와타나베 구마시로가 사들여서 쇼핑센터로 운영하고 있다. 폭 10미터와 길이 50미터 내외로 보이는 창고 대여섯 동이 가네모리 쇼핑센터다. 그중 한 동은 BAY라는 이

름으로 레스토랑과 호프집으로 운영되고 있다.

　쇼핑센터가 된 가네모리 붉은 벽돌 창고들은 이제 하코다테 항만
의 관록 있는 상징물이다. 오래된 붉은 벽돌에 초록 담쟁이덩굴이 감
싸고 있는 건물 외관에 현대적이고 세련된 내부의 인테리어가 선명하
게 대비된다. 가네모리는 건물 외관의 역사적 풍미를 해치지 않도록
세심하게 관리한다는 안내판이 걸려 있다. 실제로 외관에는 현대적인
간판이 전혀 없다.

　비는 그쳤지만 6월의 기온이 쌀쌀해 쇼핑센터에서 남자용 스카프
를 하나 사서 목에 매었다. 평소에 남자가 스카프를 매는 걸 절대 사
양하던 내가 스카프를 사다니 기온 탓도 있었지만 가네모리에 홀린

가네모리 쇼핑센터. 개항기
에 건축되었던 붉은 벽돌 창
고들을 그대로 보존하여 쇼
핑센터와 카페, 레스토랑으
로 이용하고 있다. 하코다테
를 상징하는 건물들이다.

것 같았다.

1970년대 들면서 하코다테는 교역창구로서의 기능도 잃고 북양어업의 장래도 불안해 공업생산 도시로 전환하려는 계획을 세웠었다. 그러나 당시의 오일쇼크로 공업도시화도 어려워지자, 하코다테 당국에서는 시민들과 합의하여 하코다테를 지역 특성을 살린 문화도시로 만들어가기로 방향을 잡았다.

그렇게 만들어진 하코다테에는 아직도 시내 중심가에 노면전차가 다닌다. 1913년에 운행을 시작한 전차다. 노면전차가 다니고, 아름다운 비탈마을에 근대문화유산이 즐비한 하코다테는 도시 전체가 거대한 영화세트장이었다.

운하도시 오타루로 가는 길

이제 오타루로 향한다. 하코다테에서 오타루로 가는 길은 간단치가 않다. 아직 신칸센이 개통되지 않은 홋카이도에서 삿포로를 거쳐 오타루까지는 급행열차로도 장장 4시간이 걸린다. 삿포로를 거쳐가는 급행이 일반적이지만 중간에 오샤만베長万部 역에 내려 삿포로를 거치지 않고 오타루로 가는 지름길이 거리는 짧다. 문제는 오샤만베에서 곧바로 오타루로 가는 열차는 운행간격도 멀고 완행이라는 점이다. 잠시 망설였다. 쉬엄쉬엄 구경하면서 가지 뭐. 게다가 오샤만베에서 오타루 노선은 유명한 관광지가 없는 곳이라 오히려 홋카이도의 시골 풍경을 오롯이 볼 수 있을 것 같았다.

오전 10시 열차를 타고 12시쯤 오샤만베에서 내렸다. 오타루로 떠날 기차는 2시 출발이다. 오샤만베 역에는 역무원 한 사람뿐, 아무도 없다. 일본의 전형적인 작은 시골마을이다. 점심을 먹어야 하는데 식당이 없다. 거리 구경이나 하자 싶어 마을길로 들어섰다. 공사원 세 명이 전신주 위에서 전선작업을 하는데 세 명 모두 유니폼 차림이 단정하다. 한 시간에 한 명쯤 그곳을 지날까 싶은데도 통행인의 안전을 위해 깔끔하게 펜스를 둘러 놓았다. 펜스를 쳐놓고도 내가 접근하자 옆으로 안전하게 지나가도록 깍듯이 안내한다.

겨우 도시락을 파는 작은 가게를 찾아냈다. 인부처럼 보이는 두어 명이 가게 앞 탁자에서 도시락을 먹고 있다. 가게는 두어 평 남짓하고 창문처럼 뚫어놓은 판매대를 통해 돈을 받고 도시락을 내어주는 작은 도시락집인데도 포장지엔 "오샤만베의 특산품 도시락. 지역의 제철 재료로 만드는 2대에 걸친 오샤만베의 자부심"이라는 카피가 붙었다. 이게 일본인들이다. 아주 작은 것이라도 자긍심을 내세워 독특한 상품으로 만들어내는 성의와 기술력 말이다.

오타루 역에 내리니 해가 뉘엿뉘엿 넘어간다. 해 지기 전과 후를 모두 보기 위해 숙소에 짐을 풀고 서둘러 오타루 운하로 향했다.

오타루의 붉은 창고들, 10년 간의 운하논쟁 끝에 살아나다

오타루 운하

홋카이도가 개척되면서 중심 행정지는 삿포로에 두었지만, 경제적으로 번성한 곳은 삿포로에서 기차로 30분 떨어진 오타루다. 삿포로

매립이냐 보존이냐의 10여 년에 걸친 오랜 논쟁 끝에 보존된 오타루 운하. 오타루 시의 상징이 되었다.

로 들어서는 항구이기 때문이다. 본토의 금융기관이나 선박회사, 무역 상사 등의 지점이 대부분 오타루에 설치됐다. 삿포로를 오가는 물자와 사람이 모두 오타루 항구를 통했다.

오타루는 1923년 연안을 매립해 운하를 지었다. 육지를 파서 만든 운하와 달리 완만하게 굽어 있는 것이 특징이다. 길이는 1킬로미터가 넘고 폭은 20-40미터에 이른다. 오타루 항의 하역품들은 운하 주변의 중후한 목조와 석조 그리고 붉은 벽돌 창고군에 가득 찼고, 상선의 물건을 받아 창고로 옮기는 거룻배가 바쁘게 운하를 오갔다.

그러나 점차 홋카이도 자체의 경제 규모가 커지자 삿포로가 발전해 갔고, 오타루는 자연히 그 성장을 멈추었다. 자연스레 운하는 오타루의 쇠락과 함께 쓸모가 사라졌다. 1970년대 들어 도시화가 가속화되고 차량도 늘자 더 필요해진 것은 해안도로였다. 오타루 시는 운하를 완전 매립하고 창고군을 해체하여 6차로의 해안도로를 만들기로 결정했다.

이후 소위 '운하논쟁'이라 불린 심각한 논쟁이 진행됐다. 운하의 매립과 보존 사이의 오랜 논쟁을 말한다. '오타루 운하를 지키는 시민모임'이 결성된 것이 1973년. 시민들이 주도하는 보존운동은 10년 넘게 계속됐지만 행정 당국과 평행선을 그리며 논쟁만이 계속됐다. 그 사이 창고군을 끼지 않은 운하의 일부 구간은 매립되어 도로가 되었다. 시가 나머지 부분에 대한 개발도 강행하려 하자 운하와 창고군 보존운동은 더욱 거세어졌다. 1983년 '오타루 운하를 지키는 100인 위원회'가 결성되고 10만인 서명운동에 나섰다. 당시 인구가 17만 정도였으니 반 이상의 시민들의 서명을 받겠다는 의지였다. 오타루 시장에 대한 리콜운동까지 벌어졌다.

결국 시민들과 시는 운하의 반만 매립해 도로로 쓰고, 운하의 나머지 부분과 창고군은 살리기로 절충했다. 또한 운하 주변에 산책로와 소공원을 조성하고 운하와 창고군의 역사성을 살리는 다양한 노력을 하기로 협의했다.

그렇게 해서 지켜낸 오타루 운하와 창고군은 '오타루 역사경관구역'으로 지정되어 오타루를 대표하는 관광지가 됐다. 운하 주변에 민간 투자가 활발해져 창고들은 세련된 카페나 레스토랑으로 내부가 개조됐다. 오타루의 창고는 목재와 붉은 벽돌 창고도 있으나 석조창고가 더 웅장하다.

어두워지기 전에 황급히 찾은 운하에는 거대한 석조창고군을 끼고

밤의 오타루 운하. 가스등 불
빛과 운하에 반사된 빛이 어
우러져 동화의 나라 같다.

유람선이 오가고 있었다. 석조창고들은 세월의 두께가 입혀져 거뭇거
뭇 돌꽃이 피었고 돌벽마다 초록의 담쟁이덩굴이 세월의 격조를 높이
고 있었다. 눈 많은 홋카이도에서 거뭇한 석조창고들은 눈에 하얗게
둘러싸일 것이다. 가을이면 단풍든 담쟁이덩굴로 붉게 감싸일 것이다.
계절마다 변화할 그 장중한 창고들을, 오가는 유람선 풍경과 함께 한
눈에 넣었다. 손을 흔드는 유람선 여행객들 뒤로 황혼이 내려앉았다.

완전히 어두워지기를 기다리며 다시 돌아본 운하는 가스등 불빛 아
래 환상적으로 빛났다. 고풍스럽게 디자인된 약 10미터 간격의 가스등
은 운하의 물빛을 물들이고 그 물빛으로 다시 석조창고의 거친 돌벽
에 너울을 그려냈다. 동화 속의 나라였다. 사실 하코다테와 오타루 여

행을 떠나며 미리부터 그 로맨틱함을 감당할 수 있을까 염려 아닌 염려를 했었다. 하코다테와 오타루는 혼자 올 일은 아니다.

유리공예가 빛난다, 붉은 창고의 오래된 아름다움이 빛난다

오타루의 또 다른 명물이 유리공예다. 바다마을답게 어업에 필요한 유리찌나 유리어항, 유리램프를 만들기 위해 시작된 것이 1940년대 본격적으로 산업화되었다.

오타루의 사카이마치堺町 약 1킬로미터의 거리가 유리공예점으로 가득 차 있다. 당연히 모두 수제품이다. 유리를 쇼시硝子라 부르거나 영어 발음을 따서 가라스glass라 부르는데, 유리공예의 명품 기타이치가라스와 다이쇼가라스의 본점도 사카이마치에 있다. 일본인들은 유럽의 어떤 고급 유리공예품보다 오타루의 것을 높게 친다.

운하와 석조창고군의 풍경 때문인지 오타루는 유리공예와 잘 어울린다. 여행 중 도자기류는 가끔 관심을 두었지만 유리제품의 매력과 재미는 처음 느껴본 듯하다. 아침에 시작한 구경이 점심을 넘기며 계속됐다. 1킬로미터의 가게를 모두 다 샅샅이 살펴본 기분이다.

오타루에서는 이틀을 묵었다. 떠나기 전날 밤 다시 운하를 찾았다. 3층 높이로 천정이 뚫린 거대한 창고건물에서 작은 밴드가 라이브 연주를 하는 호프집에서 혼자 회포를 풀었다. 다행히 비수기 월요일이라 손님은 나와 또 한 테이블이 전부였다. 포크 기타와 베이스 기타,

피아노, 바이올린으로 구성된 4인조 밴드. 연주와 노래가 끝날 때마다 박수를 보내다가 연주를 잠시 쉬는 동안 그들에게 맥주 한 잔씩을 보냈다. 한국에서는 안 하던 짓을 해본다. 리더가 마이크를 들더니 맥주를 보내준 한국인에게 보낸다며 새로운 곡을 연주한다. 몇 곡을 더 듣다가 연주가 끝나기 전에 슬며시 호프집을 나왔다. 늦은 밤 가스등이 외로이 빛난다. 오래된 것들을 간직하고 그것을 도시의 문화로 승화시킨 아름다움이 깊어졌다. 오랜 논쟁 끝에 살려낸 도시가 후세들을 위해 역사와 문화와 예술을 빛내고 있었다.

제4장

아름다움을 창조하는 동력, 사람의 힘

야나가와 | 구라시키 | 이이다 | 아사히카와

시청 계장님의 물길 930킬로미터

야나가와

柳川

갯벌 위에 거미줄처럼 수로가 펼쳐진 곡창지대 야나가와에선
도심에서 나룻배 돈코슈를 타고 뱃놀이를 즐긴다.
40여 년 전 야나가와 시청에 히로마쓰 계장이 없었다면
상상할 수 없었던 뱃놀이다.

상수도가 보급되고 수로가 오염되자
수로 930킬로미터에 대한 전면 매립과 현대화를 결정했던 곳.
그 방대한 공사의 책임자로 임명된 시청 계장 히로마쓰는 생각했다.
'물의 고장에서 물길이 사라지는 것이 근대화일까…'

히로마쓰 계장의 문제제기에 시민들이 물어왔다.
"우리가 어떡하면 될까요?"
한 달 만에 수로 하나가 깨끗이 돌아왔다.
6개월이 지나자 시에 하천살리기 특별위원회가 만들어졌다.
뱃놀이를 즐기는 수로 930킬로미터는 그렇게 지켜졌다.

갯벌 위의 거미줄 같은 수로 도시

찾아가는 길

후쿠오카 공항을 이용한다. 공항에서 열차를 한 번 갈아타고 니시테츠야나가와 역으로 가야 한다. 열차로 1시간 남짓 걸린다. 수로는 역 근처의 뱃놀이 선착장에서 배를 타든지 아니면 그 지점부터 산책하면 된다.

후쿠오카 현의 야나가와 시는 일본의 베니스로 불린다. 내륙으로 깊숙이 파고 든 아리아케 해有明海에 접한 도시다. 도시의 대부분이 갯벌을 간척한 땅이라 표고가 3.5미터 이하로 낮고 평탄하다. 그러나 아리아케 해의 간만의 차는 6~7미터에 이르기 때문에 만조 때에는 도시 깊숙이 바닷물이 들어온다. 이런 지형적 특성 때문에 야나가와에는 가로세로로 거미줄 같은 수로가 얽혀 있어 예로부터 '물의 고장 야나가와'라 불러왔다.

야나가와의 수로는 도심 중심부 2킬로미터 지역만 따져도 60킬로미터에 달하는 수로가 있다. 시 전체로는 약 930킬로미터. 구글 지도로 야나가와를 클로즈업해 보면 도시 전체가 파란색의 모눈종이처럼 수로가 바탕화면을 이루고 있다.

야나가와에 이렇게나 많은 수로가 놓인 데에는 크게 두 가지 이유가 있다. 우선 7미터에 이르는 간만의 차이 때문이다. 만조 시에 바닷물이 간척지를 침범하지 않도록 수로를 통해 바닷물을 받아들였다가 다시 흘려 보낼 필요가 있었다. 갯벌을 간척해 얻은 평야라 농사는 더없이 풍요롭다. 전국시대 전란 때에는 넉넉한 군량과 거미줄처럼 얽힌 촘촘한 수로 때문에 "야나가와를 점령하려면 3년도 부족하다"는 말이 있을 정도였다. "세계는 신이 만들었지만, 네덜란드는 네덜란드인이 만들었다"며 표고가 낮은 네덜란드인들의 노력을 칭송하듯, 야나가와도 풍요로운 곡창지대가 되기까지는 피땀 어린 노력의 역사가 있었다.

많은 수로가 필요했던 또 다른 이유는 물이 부족했기 때문이다. 바닷가에 있는 야나가와는 해수는 풍부했지만 담수는 부족해서 만성적

시내 상업가를 흐르는 수로
는 폭이 30미터에 이를 정도
로 넓다.

인 물 부족에 시달렸다. 갯벌을 간척한 토양은 빗물을 가두지 못하고
모두 배출해 버린다. 따라서 수로를 다양하게 만들어 해수가 빠진 후
에 내리는 빗물을 가두어 담수로 이용해야 했다. 물을 가두는 방법
과 물을 배출하는 방법이 다양하게 모색되며 총 930킬로미터에 달하
는 수로가 거미줄처럼 엉키게 된 것이다. 야나가와에는 거의 모든 집
이 수로를 접하고 있다.

　야나가와 수로의 담수는 생활에 필수적인 역할을 해왔다. 생활용
수는 물론 광활한 논에 대는 농업용수로도 쓰였고, 수로의 일부분에
서는 빗물을 가두어 침전시킨 후 식수로 사용하기도 했다. 몸의 모세
혈관과도 같은 귀한 수로를 통해 그들은 풍요로운 농사와 풍부한 어

족자원을 가진 물의 도시에서 살 수 있었다.

버들천이라는 뜻의 도시 이름이 말하듯 버드나무가 흐드러진 물길
이 아름다운 곳에서 태어난 유명 시인 기타하라 하쿠슈는 "내가 태어
난 물의 고장 야나가와야말로 나의 시가詩歌의 모체"라 했다.

도심의 뱃놀이

야나가와 뱃놀이
선착장

후쿠오카를 거쳐 야나가와에 도착한 것은 오후 3시 무렵이었다. 우
리 민물고기 중 동사리를 뜻하는 '돈코'를 닮았다고 해서 돈코슈라 불
리는 나룻배를 타고 야나가와 중심부의 수로를 도는 뱃놀이 승선장은
야나가와 역에서 멀지 않았다.

본래는 수로를 따라 천천히 걸어서 돌아볼 생각이었지만 한 시간마
다 운행하는 배가 마침 떠날 때가 다 되었다는 사공의 외침에 일단 나
룻배에 올랐다. 도심의 약 7-8킬로미터의 수로를 1시간 가량 둘러보
는 코스다. 일본의 옛 뱃사공 복장을 한 사공이 배 뒤편에 서서 긴 막
대로 15명 내외가 탄 나룻배를 밀어나간다. 절반 이상이 일본인이지만
한국인을 비롯한 외국인도 대여섯은 되어 보였다.

출발지점의 수로는 약 50미터나 되게 폭이 넓고, 물가로 늘어져 자
란 흐드러진 수양버들이 장관을 이루었다. 수로가 좁은 구역은 불과
3-4미터의 폭이라 물가의 나무들이 손에 닿는다. 군데군데 다리 밑을
지날 때면 낮게 고개를 숙여야 한다. 수로 위를 크고 작은 수많은 차
도들이 지나고 있기 때문이다. 사공은 실없고 걸쭉한 소리도 더러 하
는지 사람들이 자주 웃음을 터뜨린다. 좁은 수로를 지나며 내가 알아

전통복장을 하고 물놀이배
의 노를 젓는 뱃사공. 노를
젓는 내내 충실한 안내와 걸
출한 입담. 그리고 구성진 노
랫가락도 곁들인다.

들은 얘기는 "저 집은 나의 가장 친한 친구 야마구치의 집입니다. 오늘 밤에도 술 한 잔 하기로 약속이 되어 있지요~" 소박하게 한 잔 들이킬 그의 저녁이 상상되는 친근한 안내멘트. 유람선이라면 으레히 흘러나오는 볼륨 높은 대중가요는 없었다.

40여 년 전 야나가와 시청에 히로마쓰 계장이 없었다면 상상할 수 없었던 뱃놀이였다.

수로의 위기, 누군가 의문을 던졌다

오랜 역사의 야나가와의 수로에 위기가 찾아왔다. 상수도의 보급이었다. 1940년대 야나가와에 상수도가 대대적으로 보급되자 수로의 생활용수 보급 역할이 쇠퇴한 것이다. 깨끗한 물을 수로에서 구할 필요가 없어지자 수로는 단지 바닷물의 범람과 홍수를 막는 역할에 그쳤다. 경제가 성장하면서 많이 쓰고 많이 버리는 생활방식이 가속화되자 수로는 오염되기 시작했다.

무분별한 소비생활로의 전환, 합성세제의 사용, 기름기 있는 식생활, 오폐수의 방출 등으로 수질이 오염되고 비닐과 깡통 같은 쓰레기들도 버려졌다. 오염된 수로는 정감이 사라지고 쓰레기는 더 많이 버려졌으며 오염과 악취가 진동했다. 오염은 악순환됐다.

1970년 초반 야나가와 시장은 생활용수의 기능을 마친 수로 중 홍수방지나 해수범람방지를 위한 일부의 간선수로만 남기고 이를 전면 매립해 차도로 이용하기로 결정했다. 1977년, 이 같은 방침은 시의회를 통과해 승인을 얻고 중앙으로부터 200억 원이 넘는 보조금 지급도

한적한 주택가 사이를 흐르
는 수로. 도시의 한가운데
를 흐르고 있다는 사실을 잊
게 한다.

결정됐다. 시장은 야나가와를 현대도시로 만들겠다고 선언했다.

시청에는 이 거대한 공사를 위하여 도시하수부서가 신설됐다. 책임자로 임명된 사람은 그때까지 상수도를 담당해 오던 히로마쓰 쓰타에広松伝 계장이었다. 그러니까 히로마쓰는 그때부터 야나가와의 그 많은 수로를 메꾸는 200억 원 규모의 방대한 작업의 담당자가 되었다. 큰 프로젝트를 맡았으니 공사를 성공적으로 끝낼 계획에 몰두하거나 나름 손에 쥔 칼자루를 뽐내는 것이 일반적인 공무원의 모습일 것이다. 중앙정부에서도 통과된 사업이니 거기에는 의문이 있을 수 없었다.

그런데 그날부터 히로마쓰는 속된 말로 뭔가 찜찜한 기분이 되어 며칠을 지냈다. '뭔가 잘못 되어가는 거 같다…', '물의 고장 야나가와에

서 물길이 사라지는 것이 근대화인가…'

　그는 상수도 업무를 맡아왔기 때문에 물과 땅의 관계에 관심이 많은 사람이었다. 히로마쓰의 물음은 마침내 '수로를 메우면 야나가와는 침몰한다'는 생각에까지 이르렀다. 야나가와는 갯벌 간척지여서 수분이 70%인 고운 입자가 퇴적된 토양인데, 이런 토양에서 수로를 막고 콘크리트와 아스팔트로 덮어버리면 더 이상 물이 침투하지 못할 것이다. 바닷물이 범람하거나 홍수가 나면 대책이 없어져 야나가와는 물에 잠기고 말 것이라는 것이 그의 결론이었다. 더구나 무엇보다 물의 고장이라는 야나가와의 역사가 사라져 가는 것을 바라만 보고 있는 것은 아무래도 야나가와에서 나고 자란 자식으로서 도리가 아니었다.

시청 계장 히로마쓰의 모험

　히로마쓰는 자신의 고민을 몇몇 가까운 주민들과 상의했다. 주민들은 그의 생각에 공감했다. 히로마쓰는 계획의 추진을 미루는 자신을 독촉하는 시장에게 간절하게 호소했다. 시장도 히로마쓰의 고민을 단순히 묵살하지는 않았다. 히로마쓰에게 3개월의 사업유예를 허락하며 오염되어가는 야나가와의 수로를 살릴 대안을 가져오라고 했다. 사업철회로 이어질 수도 있는 시장의 그 같은 결정 또한 당시의 사회 분위기로는 상상할 수 없는 용단이었다.

　중앙부처까지 통과된 대규모 사업을 일개 공무원의 이의로 재검토한다는 것이 얼마나 어려운 일이었을까. 히로마쓰는 3개월 안에 대안을 제시하기 위해 일단 수로를 살린 다른 도시들의 사례 등을 풍부히 연구하고 현장조사까지 마쳤다.

히로마쓰와 주민들이 내린 결론은 사람들의 '공감'을 얻는 일이었다. 야나가와의 수로들은 자연하천이 아니라 인공수로이므로 인공의 힘, 즉 주민들이 힘을 보탠다면 충분히 수로를 정화해 유지할 수 있다고 생각했다. 그들은 마침 야나가와 축제를 기해 '향토의 강에 맑은 봄을 되찾자'는 유인물을 배포하고 물의 고장 야나가와의 역사와 전통, 그리고 자존심을 호소하며 시민들이 힘을 합하면 수로를 지킬 수 있다고 설득했다.

시민들은 히로마쓰에게 자신들이 어떻게 하면 되느냐고 물어왔다. 히로마쓰는 세 가지의 행동준칙을 제시했다. 첫째, 힘을 모아 수로의 바닥을 준설하여 흐르는 물을 확보한다. 둘째 정화 시설을 늘리고 오수의 유입을 억제한다. 셋째 시민들의 유지·관리 시스템을 체계화한다.

시민들은 장비를 동원해 준설작업을 시작했다. 한 시민은 준설토를 쌓아놓을 땅을 내놓기도 했다. 초등학생들까지 청소에 나섰다. 수로 주변의 불법 시설들은 당사자들이 스스로 철거했다. 각 가정은 오염수 배출 줄이기, 쓰레기 치우기 등의 생활 원칙에 동참했다. 시범적으로 시작한 수로 하나가 한 달 만에 깨끗이 돌아왔다. 물 흐름도 좋아졌다.

6개월이 지날 무렵 야나가와 시장은 시 의회에 사업의 재검토를 요청했고, 하천살리기 특별위원회까지 설치했다. 히로마쓰와 주민들은 '물의 모임'을 조직했다. 마침내 거의 모든 수로가 계획보다 2배의 속도로 정화되는 목표를 달성했고, 비용은 매립계획의 5분의 1에 불과했다.

미야자키 하야오가 큰 적자를 본 사연

세계적인 애니메이션 감독 미야자키 하야오가 제작한 〈야나가와 호리와리 이야기柳川堀割物語〉라는 다큐멘터리 영화가 있다. 감독은 다카하타 이사오. 미야자키는 1980년대 중반에 개봉한 〈바람계곡의 나우시카〉에서 얻은 수익으로 물의 도시를 배경으로 한 또 다른 작품을 구상하던 중, 프로듀서를 맡았던 다카하타를 야나가와로 보낸다. 배경 풍경을 스케치해 오라는 임무였다.

그런데 다카하타는 야나가와의 수로를 돌아보던 중 수로가 매립될 뻔 했다가 히로마쓰라는 공무원에 의해 지켜졌다는 이야기를 전해 듣고 풍경을 스케치하기보다는 수로 보존 이야기에 빠져든다. 그리고 이를 카메라에 담기 시작했다. 그리고 무려 3년. 다카하타는 그 긴 시간 동안 미야자키의 새로운 애니메이션은 뒷전으로 미뤄두고 히로마쓰 이야기를 기록했다. 미야자키도 다카하타의 관심과 작업을 존중하며 그의 다큐멘터리를 후원했다. 그 다큐멘터리로 결국 미야자키는 나우시카에서 얻은 수익보다 많은 적자를 봤다는 후문이다.

다카하타의 다큐멘터리는 야나가와의 끝없이 이어진 수로와 그 수로에 기대 살아온 사람들, 그리고 그 수로를 지켜낸 과정을 소개해 근대화의 물결에 휩쓸려 황폐해지는 사회에 메시지를 전했다.

미야자키 하야오 제작, 다카하타 이사오 감독의 다큐멘터리 〈야나가와 호리와리 이야기〉 DVD 표지. 야나가와의 수로가 현재에 이르기까지의 히로마쓰 쓰타에와 주민들의 노력과 그 과정을 담았다.

우리가 사용한 물은 우리를 떠나는 게 아니다

1989년 제5회 수향수도水鄉水都 전국회의가 야나가와 시에서 개최되었다. 히로마쓰는 인터뷰에서 말했다. "우리는 물과 이어져 있다는 것을 잊지 말아야 합니다. 수도꼭지만 틀면 물이 나오는 세상이어서 우리는 우리가 사용한 물이 우리를 떠난 것으로 생각합니다. 그러나 그 물은 순환되어 다시 우리에게 돌아올 수 있습니다."

심포지엄의 한 방청객이 히로마쓰에게 물었다. "많은 어려움이 있었을 텐데 당신은 어떻게 극복했습니까?" 머뭇거리던 히로마쓰는 아주 나지막하고 느릿한 어조로 대답했다. "…심…혈…을 …기울였습니다."

야나가와의 수로 930킬로미터. 수양버들 흐드러지는 그 물길을 해마다 120만 명이 찾아와 뱃놀이를 즐긴다. 한 사람의 공무원이 해마다 120만 명을 부르고, 그 공무원과 함께 했던 시민들이 단단한 자긍심으로 그들을 맞이한다. 야나가와를 바닷물의 범람과 홍수로부터도 지킬 수 있게 되었다. 그들의 성공사례는 다만 물길에 머물지 않고, 다만 야나가와에 머물지 않으며 전 일본인의 머릿속에 대를 이어 새겨지고 있을 것이다. 변화의 진정한 동력은 그렇게 온다.

히로마쓰는 2002년 사망했다. 현재 물의 모임을 이어가고 있는 사람들은 말한다. "우리는 강이 오염되면 뚜껑을 덮어버리는 일 따위는 하지 않을 겁니다. 오염되면 맑게 만들고, 파괴되면 고칠 것이며, 더 이상 오염시키지도 않고 파괴하지도 않을 것입니다."

재벌이 아름다움을 알아보았을 때

구라시키

倉敷

오오하라 재벌의 2대 회장 마구사부로는
기업인이 문화예술을 후원해야 한다는 메세나 의식이 확고했다.
그는 전 세계의 미술품을 수집해 오오하라 미술관을 건립한다.
3대 소이치로는 구라시키 미관지구 보존운동에 발 벗고 나섰다.
동양의 독자적 미학을 펼친 야나기 무네요시와 문화예술인들
그리고 시청 공무원들도 힘을 합쳤다.
고도성장기에 도시화와 공업화에 정면으로 맞서
전통미관보존조례를 제정한 것은
실로 미래지향적이며 문화적인 큰 결단이었다.
재벌이 시작한 구라시키 전통보존은
공무원들이 법을 만들어 완성해갔다.

무엇이 아름다움인가

아름다운 마을을 찾아다니는 여행을 하면서 항상 머릿속에 실존처럼 품고 다니는 화두가 있었다. '아름다움이란 무엇인가', '무엇이 아름다운 것인가' 하는 문제였다. 아름다움에 대한 시각과 평가는 저마다 다를 수 있는데 도대체 무엇을 아름답다고 할 것인가. 미학의 원조라고 불리는 칸트도 아름답다고 느끼는 보편적 감성은 주관적이라고 했다. '미美'란 인간이 합목적성 없이 인식하는, 그러니까 어떤 목적에 맞게 존재하는 성질의 것이 아니라 인간의 선험적 감성의 영역이라는 것이다.

그렇다면 아름다움이 주관적이라고 해서 아무런 기준도 있을 수 없는 것일까. 누구나 동의할 수 있는 어떤 순수한 영역이 존재하지 않을까 하는 생각을 저버릴 수는 없었다. 그 의문을 찾아 책 여행도 했지만, 미학이라는 제목을 단 책의 대부분은 총론적인 답을 주기보다는 구체적인 예술작품에 대한 평론이나 분석들이어서 나의 목마름은 쉽게 채워지지 않았다. 더구나 예술작품이 아닌 생활과 주거공간의 아름다움을 찾던 터였기에 말이다.

미와 추는 둘이 아니다

그런 가운데 내 화두의 한자락을 풀어주는 매력적인 인물을 만났다. 일본인 미학자 야나기 무네요시柳宗悦(1889-1961)다. 무네요시는 일제 강점기에 일본의 군국주의를 비난하고 조선의 문화유산을 사랑한 대표적인 일본 미학자이다. 그러나 일본의 침략상에 적극적으로 반대운동을 펴지 않았고, 조선의 미를 '비애의 미'라고 평가한 점 때문에 많은 비판을 받기도 했다. 그러나 무네요시의 비애미는 결코 부정적인 의미로 쓰인 것은 아니었다.

무네요시는 일생 동안 미학을 추구하다가 세계적인 불교철학자인 스즈키 다이세쓰의 영향을 받아 불교철학에 집중한다. 그리고 철저히 동양적인, 자신만의 독특한 미학을 정립한다. 미학이 서양 중심의 학문이었던데 반해 그는 미학의 동양적 독자성을 세웠다.

무네요시의 미학은 그의 저서 《미의 법문美の法門》에 집중되어 있다. 무네요시는 진정한 미는 미美와 추醜를 구별하지 않는 것에서 온다고 한다. 진정한 미는 불이不二로부터 온다는 것이다. '불이'란 미와 추를 구별하지 않고, 나와 너를 구별하지 않는 일원성一元性을 말한다. 서양의 논리학과 과학은 인식주체와 인식의 대상을 철저히 구분하는 이원성二元性에 입각해 왔다. 따라서 서양의 미학은 시대의 흐름에 따라 그 인식방법을 달리하여 미술사조로 변천되어 온 것이다. 아름다움의 인식방법이 불완전하고 상대적일 뿐더러 직전의 사조를 부정할 수밖에 없는 결과를 낳는다. 시대에 따라서, 보는 이에 따라서 미의 기준이 바뀌는 것이다. 그러나 무네요시는 진정한 아름다움이란 시대에 따라 변한다는 논리는 옳지 않다고 주장한다.

변하지 않는 아름다움의 진정한 기초를 그는 조선의 막사발에서 찾아냈다. 일본의 국보이자 일본 다인茶人들로부터 천하대명물로 칭송받는 기자에몬 이도다완喜左衛門 井戸茶碗이다.

무네요시의 이 같은 미학이 최종적으로 자리잡는 곳은 민예론民藝論이다. 그는 여如하고 무심無心하며 자재自在하고 적적寂寂함으로부터 진정한 미는 탄생한다고 했다. 꾸밈 없는 무념에서 미가 나온다는 것이다. 그에 의하면 이도다완은 조선의 이름 없는 도공이 아무런 욕심 없이 만든 것이기에 자연스럽게 천하의 아름다움을 지니게 되었다. 사람들이 아름다워지려는 욕심을 가지고 꾸밈에 꾸밈을 더하고, 많은 예술가들이 의도적으로 미를 만들어내려고 하게 되자 오히려 추가 탄생한다는 것이다. 칸트가 "미란 목적성 없이 인식하는 대상의 합목적성"이라고 요약한 것과 통한다. 무네요시의 미학은 일반인들이 자연스럽게 만들어내는 소박한 아름다움, 즉 민예론을 탄생시키게 되었다.

예술가가 아니더라도 일반인들이 자신의 생활 속에서 아름다움을 만들어낼 수 있고 오히려 그런 아름다움이 예술작품을 뛰어넘는 극치의 아름다움일 수 있다는 무네요시의 미학은 생활과 주거, 공공의 공간에서 주민들이 직접 만들어내는 마을과 거리의 아름다움의 기준을 찾아다니는 내게 화두를 푸는 큰 열쇠가 되어주었다. 나는 어느 해 여름 무네요시와 사랑에 빠져 삼매경에 들었다.

에도 시대가 꿈틀대는 곳, 구라시키 미관지구

구라시키 미관지구

오카야마岡山 현 구라시키倉敷 시의 구라시키 미관지구는 일본 최고의 아름다운 경관을 자랑한다. 오래된 석재로 호안을 다듬은 폭 10미터 가량의 구라시키 천은 양쪽으로 벚나무와 수양버들이 번갈아 천을 향해 늘어지고, 천 양쪽으로 5미터의 보행자 공간에는 전통과 현대가, 동양과 서양이 함께 섞여 흐른다.

보행자 공간 양쪽으로는 일본 전통의 하얀 흙담 건축물과 서양식

구라시키를 처음 갔던 날은 벚꽃이 핀 봄날이어서 사진을 찍을 수 없을 정도로 여행객들이 많았다. 그러나 그 날 찍은 사진은 아쉽게도 어딘가 달아나 버렸다. 3년 후 다시 찾았던 날은 비가 내리는 평일이라 여행객들이 많지 않았다.

대리석 건축물, 붉은 벽돌의 건축물 등이 역사의 흐름을 전하며 품격 있게 줄지어 있다. 천에는 삿갓 쓴 뱃사공이 유유히 나룻배 유람선을 저어가고, 군데군데 아름다운 장식의 석교 위로는 걷는 이들이 여유롭다. 일본의 중세 말 혹은 근세 초 에도 막부시대의 봄볕 좋은 어느 날, 대갓집 외동딸이 꽃분홍 기모노를 차려입고 소풍을 나와 만날 법한 화려하고 생동감 넘치는 풍경이다.

구라시키 미관지구가 일본에서 가장 아름다운 경관이라고 평가받아도 부족하지 않은 것은 거리 경관에 필요한 아름다운 요소들이 모두 담겨 있기 때문이다. 아름다운 하천, 늘어진 고목, 잘 다듬어진 호안과 석교, 다양한 건축물 등이 구라시키가 형성되던 에도 시기 그대로 계승되고 있다. 중세시대 살아 꿈틀거리는 저잣거리의 모습이다. 단순히 외형적인 하드웨어들이 보존되어 있다는 느낌이 아니라, 생활문화와 공기까지 그대로 보존된 느낌이다. 그래서 감동이다.

거기다 구라시키 미관지구에는 근대로 넘어오면서 생겨난 문화예술적인 요소들이 시간을 연장하여 보태어져 있다. 오하라 미술관을 비롯한 서양식 근대 석조건물이 지금도 그대로 자리잡고 있어 구라시키 미관지구의 품격을 높이고 있다. 오하라 미술관과 함께 세 개의 축을 이루는 문화 근거지인 구라시키 민예관과 구라시키 고고관은 구라시키 미관지구를 단지 전통의 공간을 넘어 현대의 문화예술 공간으로 자리매김해 주고 있다.

전통은 승화되어 새로운 문화와 예술이 된다. 공간과 시간이 입체적으로 결합된 그곳에서, 나는 공간의 아름다움이란 바로 이런 것이 아닌가 온몸으로 느껴본다.

구라시키 미관지구를 탄생시킨 보이지 않는 힘

구라시키 미관지구는 중세 이전만 하더라도 하천의 일부였다. 에도 막부 시대가 되자 구라시키가 막부의 직할 영지가 되면서 무역이 성행하였다. 그에 따라 천변이 개간되고 사람들이 살기 시작하였으며 천의 양쪽에 상가가 들어서면서 회벽흙담의 규모 큰 창고들이 세워져 오늘날의 경관의 토대가 되었다.

구라시키 천은 중세 말 상업시대에는 물자운송의 역할을 했지만 근대화가 진행되면서 하수의 기능으로 전락했다. 근대 초기에는 구라시키 천을 당연히 복개하려 했고, 회벽흙담의 건물들은 근대건물로 개축하려 했다. 그런데도 구라시키 미관지구가 지금까지 옛 모습을 지켜온 데에는 주목할 만한 몇 가지의 동력이 있었다.

메이지 유신과 함께 일본은 나름의 산업혁명을 거친다. 영국의 산업혁명이 그러했듯 기계공업과 방직·방적공업이 생겨났다. 1888년 구라시키에는 근대적 방적공장인 구라시키 방적주식회사가 설립된다. 초대 사장은 오오하라 고시로. 방적공장은 이후 그의 아들 오오하라 마구사부로로 이어지면서 견직, 모직회사까지 설립해 소위 오오하라 재벌大原財閥로 확장되었다. 재벌이 된 마구사부로는 공장뿐 아니라 병원과 연구소, 나아가 오오하라 학원재단을 만들어 초등학교에서 고등학교까지 교육사업에도 힘을 쏟는다.

마구사부로는 기업으로 돈을 번 사람은 문화예술을 후원해야 한다는 메세나mecenat 의식도 확고했다. 구라시키 미관지구의 상징적인 랜드

구라시키 천을 구성하는 중요한 요소인 석등과 석교. 미관지구의 고고함을 더하고 있다.

마크라 할 수 있는 오오하라 미술관은 마구사부로가 당시 서양화가인 고지마 도라지로에게 컬렉션을 부탁해 전 세계의 미술품을 수집하고 1930년에 건립한 미술관이다.

재벌이 시작한 전통보존, 공무원들이 법을 만들어 완성하다

마구사부로 이후 오오하라 재벌은 3대의 오오하라 소이치로가 물려받았다. 소이치로는 아직 견직회사의 사원이던 시절에 2년간을 유럽으로 해외파견을 나갔는데, 그때 독일의 로텐부르크Rothenburg를 방문해 크게 감동을 받았다. 로텐부르크에는 약 1킬로미터의 시가지를 중세 성곽이 둘러싸고 그 안에 교회를 비롯하여 중세건축물군이 보존되어 있었다. 또한 로텐부르크로 대표되는 유럽 중세 자치도시들은 이익추구를 앞세우는 게젤샤프트Gesellschaft가 아니라 감정과 정신적인 가치를 함께 공유하는 공동체인 게마인샤프트Gemeinschaft의 전통을 가지고 있다는 점도 배웠다.

소이치로는 구라시키를 떠올렸다. 구라시키 또한 일본에서는 뛰어난 전통경관을 가지고 있는데다 향토애도 뒤떨어지지 않은 지역이므로 공공의 가치를 기반으로 뭉친다면 구라시키를 일본 최고의 전통경관도시로 만들고 보존할 수 있을 것이라 생각했다. 소이치로는 귀국하자마자 친구이자 건축가였던 우라베 시즈타로와 함께 구라시키 미관지구 경관보존운동에 나선다.

한편 당시 민예론을 바탕으로 활발히 예술평론을 펼치던 야나기 무네요시가 1930년 중반 구라시키를 방문했다가, 어느 문화계 모임에서 구라시키 천변의 거리와 창고 등 생활경관은 보존되어야 마땅하다고 설파한 일이 있었다. 그 이후로 구라시키 생활경관의 아름다움은 문화예술인들의 관심의 대상이 되었다.

소이치로는 그런 무네요시와 공감하였다. 1936년에는 무네요시의 추천을 받아 또 다른 민예운동가 도노무라 기치노스케를 초빙하여 강연회를 열었고, 이를 시작으로 구라시키의 민예가들을 결집시켜 오카야마 민예협회를 설립하게 되었다. 소이치로 자신도 창립발기인의 한 사람이었다.

그 같은 노력은 결국 1948년 구라시키 민예관의 개관으로 이어졌다. 구라시키 천변의 하얀 흙담건물 중 한 채를 사서 만든, 일본 각 지역과 세계의 민예품을 수집하여 보존·전시하는 공간이었다. 가슴 아픈 역사 속, 거기엔 조선의 민예품도 상당수 있다. 민예관을 중심으로 한 구라시키의 경관은 그 자체로 거대한 민예의 공간이다.

1960년대, 일본은 고도의 경제성장기를 맞는다. 도시화와 공업화의 대대적인 물결은 구라시키에도 밀려들었다. 구라시키는 방적공장을 중심으로 도시화가 확대되어갔다. 운송 기능을 잃은 구라시키 천도 기능적으로는 존재할 가치가 없었다. 일부에서 매립 제안도 나왔다. 구라시키 시청은 결단을 내리지 못하고 있었다. 구라시키라는 시 차원이 아니라 더 상부인 오카야마 현이나 중앙정부 차원에서 구라시키의 특성을 도외시한 도시계획이 세워지거나 혹은 거대자본이 동원되어 구라시키의 경관과 어울리지 않는 대형 관광시설을 신청한다면 구라시키 시청도 버티기 힘들 것이기 때문이다. 당시 구라시키 천변엔 아무런 법적 제재 조치가 없었다. 건축허가가 신청되면 관계 법령에 어긋나

지 않는 한 허가를 내주어야 하는 현실이었다.

　하지만 시의 공무원들은 알고 있었다. 1920년대부터 오오하라 소이
치로를 중심으로 한 지역민들의 보존운동과, 거기에 결합한 민예운동
가들의 정신적 물결이 구라시키를 굳건하게 지키고 있다는 것을. 소이
치로를 중심으로 한 지역향토애호가와 민예운동가들이 얼마나 오랫
동안 구라시키의 경관을 아껴왔는지를 잘 알기에 시에서는 그들과 함
께 고민을 나누기 시작했다. 그리고 마침내 그들은 현실적 제약을 앞
서서 치고나가기로 했다.

　1968년 9월 30일, 구라시키 시와 의회는 구라시키 시 전통미관보존
조례를 제정·공포했다. 미관지구로 지정된 구라시키 천 구역에서는 모

구라시키 미관지구의 랜드마
크인 오오하라 미술관. 1930
년에 건립된 유럽식 석조건물
로 건축물뿐 아니라 소장하고
있는 작품들의 품격도 높다.

오오하라 미술관

든 건축물의 신축, 개축, 증축, 이전, 수선, 색과 외관의 변경과 택지의 조성 및 토지형상의 변경, 수목의 채벌, 토석류의 채취, 수면의 매립 등을 제한한다는 내용이었다. 관련된 모든 일은 미관지구의 경관에 적합하도록 보존심의회의 심의를 받아서 행해야 한다.

　정부차원에서 문화재보호법을 개정하여 전통적 건조물군 보존지구 제도를 시행한 것이 1975년이었으니, 구라시키의 조례는 그보다 7년이나 앞선 결단이었다. 멀리 가나자와에서 몇 달 앞서 비슷한 조례가 제정되어 최초는 아니었지만, 한창 고도성장을 이루던 1960년대에 도시화와 공업화에 정면으로 맞서 전통미관보존조례를 제정했다는 것은 실로 큰 결단이고 미래지향적이며 문화적인 발상이랄 수 있었다.

　오히려 그들은 구라시키의 경관을 더욱 발전적으로 계승시키기 위하여 전선지중화와 천변 준설, 호안과 석교의 수리, 보행자 도로 정비, 야간조명 설치 등을 해갔다. 물론 철저히 고증을 거치고 미관을 높이는 방식이었다. 이러한 작업은 구라시키의 역사를 조사·연구하고 보존하기 위해 1950년에 개관한 구라시키 고고관倉敷考古館이 주도하고 감리했다.

　그 결과, 구라시키 주변에 세토 대교와 오카야마 공항이 개통되던 1988년에는 한 해 동안 구라시키 미관지구에 무려 540만 명의 여행객들이 찾았다. 현재는 평균 300만 명이 찾는다.

　구라시키를 보존하여 역사에 남긴 주인공들은 오오하라 소이치로를 중심으로 지역을 사랑하는 선각자들, 야나기 무네요시를 필두로 하여 결집한 민예운동가들 그리고 그들의 노력을 법령으로 제도화하여 뒷받침한 구라시키 시와 의회 등 공무원들이었다. 특히나 재벌과 공무원이 개발이 아닌 보존에 앞장섰다는 사실은 우리에겐 참으로 낯설고 부러운 일이다.

과거의 공간에 현재가 살아가는 곳

발길이 향하지 않는 곳이 있고, 언젠가 꼭 다시 오겠다고 마음먹게 되는 곳이 있다. 구라시키 미관지구의 역사와 민속을 연구한 요시하라 무쓰무는 구라시키 미관지구를 "과거의 집과 거리에 현재의 주민이 현재의 생활양식으로 생활하는 곳이고, 또 그런 곳으로 남아야 한다"고 했다.

오후 내내 어슬렁거렸던 천변이지만 밤이 되자 근처에서 사케 몇 잔을 기울이고 다시 그 거리를 배회했다. 불 밝혀진 미관지구는 세계 각국의 여행객들로 넘쳐나며 황홀하게 아름다웠다. 석교 옆에 배낭을 내려놓고 앉았다. 부러웠다, 한없이. 배가 아프고 눈물이 날 정도로. 더 귀하고 더 많은 품격을 잃어버리고 아직도 성장과 개발에 매달려 있는 내 나라의 콘크리트와 포크레인 속으로 돌아가야 할 내가 한없이 작고 초라해졌다. 나는 3년 후 비가 추적추적 내리던 날 다시 구라시키를 찾았다.

밤의 구라시키 미관지구. 미
관지구 내에 야간 유흥시설
은 허락되지 않는다.

사과나무 판타지

이이다

飯田

학생들의 마음이 사과나무 거리로 태어나 무르익었다.
때 묻지 않은 아이들의 마음으로 싹을 틔운 나무들이니
오늘의 그 환상적인 사과나무 거리의 아름다움은
꽤 오랜 시간의 노력과 정성이 만들어낸 열매들이다.
그곳을 보행자 도로라 부르고 보니,
도로에 대한 새로운 개념이 생겨나는 듯했다.
도시의 붉은 사과…
그 속엔 오늘도 잘 익은 사과를 함께 지켜내고 있다는
얼굴 없는 시민들의 마음이 들어 있다.

'빌드 백 베터'

찾아가는 길
나고야 공항을 통하는 것이
좋다. 이이다 역에서 내려 약
10분을 걸으면 사과나무 거
리가 나온다.

2016년 11월 16일 생일 즈음, 일왕 아키히토는 이이다를 여행했다. 그는 이이다의 유명한 사과나무 거리에서 대화재를 딛고 새로운 마을을 만들어낸 이이다의 학생들과 주민들에게 찬사를 보냈다. "이이다는 재해를 딛고 그 부흥을 계기로 더욱 아름다운 마을을 만들었다. 최근에 말하는 '빌드 백 베터build back better(재해 등으로 피해를 입은 후에 오히려 전보다 더 낫게 복구한다는 의미)'가 실현된 곳이다."

사과나무 보행자 천국

이이다는 나가노의 남쪽에 위치한 외진 도시다. 나가노 시나 나고야로부터 기차로 2시간 이상을 가야 한다. 작지 않은 도시였던 이이다는 1947년 대화재로 도시 전체의 70%가 불탔다. 그리고 다시 부활했다. 지금은 마을만들기운동으로 도시를 부활시킨 대표적인 사례로 꼽히고 있다. 더욱이 재건 이후 이전과는 비교도 안 될 만큼 아름다움을 자랑한다. 완벽에 가까운 아름다운 마을로 평가되기도 한다.

1947년 4월 20일 거리 한편에서 발생한 화재는 강풍을 타고 순식간에 시가지 전체로 번졌다. 워낙에 급작스럽게 불길이 번지자 전 시가지의 소화전이 개방되었지만 오히려 한꺼번에 소화전을 쓰면서 수압이 낮아져 그 기능을 발휘하지 못했다. 순식간에 잿더미가 된 거리에서 시민들은 망연자실했다.

대화재의 슬픔을 되풀이하지 않기 위해 시민들은 방화도시를 건설하기로 했다. 시가지를 동서남북으로 나누는 폭 25미터의 대규모 도로를 만들고 도로의 중간부분에는 넓게 녹지대를 조성하기로 했다. 도로가 방화벽이 되어 화재가 확대되지 않도록 하기 위해서였다.

그런 계획이 시작되던 1951년 여름 이이다히가시飯田東 중학교 교장 마쓰시마 하치로는 홋카이도에서 열리는 전국 중학교 교장회의에 참석했다. 그는 삿포로 거리를 걷던 중 삿포로의 도로가 넓고 가로수가 무성한 데에 감탄했다. 아마도 삿포로 중심가의 유명한 오오토오리 공원大通公園을 보았으리라. 삿포로는 도시계획 당시부터 시내 중심가에 폭 100미터가 넘는 도로공원이 조성되어 있었다. 그는 화재로 황량해진 자신의 고향 이이다를 떠올렸다.

잿더미에서 건져올린 상상

마쓰시마는 출장에서 돌아와 전교생의 조회 단상에서 삿포로에서 느낀 내용들을 들려주었다. 이이다에도 단지 화재를 막기 위한 넓은 도로만이 아니라 아름다운 가로수가 필요하다고 역설했다. 그리고 자신이 삿포로에서 느꼈던 감회를 바탕으로 연구한 가로수에 관한 이야기도 해주었다. 사과나무를 가로수로 심은 유럽의 도시에 관한 사례였다. 사과가 익을 때쯤의 아름다운 거리 풍경과 시민들이 얼마나 사과나무를 아끼고 가꾸는지, 사과가 익어도 마음대로 따지 않고 자연히 떨어진 사과조차도 주워서 한곳에 모아 마을회의를 거쳐 나눠준다는 이야기도 덧붙였다. 교장의 이야기는 진솔했고, 감성 깊은 사춘기의 학생들은 교장선생님이 들려준 아름다운 거리의 풍경과 아름다운 시민들의 마음을 떠올렸다.

학생들의 상상은 상상으로 끝나지 않았다. 거리를 청소하던 아이들 몇몇이 자신들의 손으로 아름다운 사과나무를 가로수로 심으면 어

떨까 생각했다. 아이들은 학우회 친구들에게도 상상을 현실로 시도
해 볼 것을 제안하고 이를 다시 교장에게 알렸다. 교장은 이를 기쁘
게 받아들이며 아이들과 함께 이이다 시청으로 갔다. 시장도 기꺼이
협조를 약속했다.

처음 시민들은 "과실나무이니 관리가 잘 될지도 의문이고 관리를
잘 하여 사과가 열리더라도 누구나 따가고 말텐데…"라며 부정적인 반
응을 보였다. 그때 아이들은 되물었다. "사과가 아름답게 열리는 거리
도 중요하지만, 붉게 익은 사과를 아무도 마음대로 따가지 않는 아름
다운 마음의 도시를 만들면 되잖아요." 어른들은 겸연쩍게 웃었다.

이이다의 사과나무 거리. 가
운데 넓게 사과나무밭이 있
고 그 양쪽은 보행자 우선도
로이다. 차량통행이 가능하
지만 최대한 자제한다.

아무도 사과를 따가지 않는 마음의 도시

그해 11월 어느 맑은 날, 학생들은 40그루의 어린 나무들을 간격을 맞추어 심었다. 3학년 학생들이 사과나무를 실어나르고 2학년은 땅을 팠으며 1학년은 물을 주었다. 아이들은 붉은 사과가 가득 열릴 모습을 상상하며 집에 가는 것도 잊은 채 석양을 등지고 심어놓은 나무를 보고 또 보았다. 청소년들의 감성으로 유명한 사과나무 거리가 태어나는 순간이었다.

이제 본격적으로 심어놓은 나무들을 가꾸고 새로운 나무를 더 심어야 한다. 학생들은 이를 보다 조직적으로 해내기 위해 녹화부를 구성했다. 가지치기, 풀 뽑기, 비료 주기, 청소, 소독, 추가 식재 등을 위해 임원도 뽑고 역할도 분담했다. 아이들은 관찰일기를 쓰며 사과나무의 생육상태를 살폈다. 시민들이 묘목을 기증했다. 그러는 사이 뿌리를 내리지 못하고 말라죽는 나무도 있었다.

심은 지 3년째 되던 해 5월, 사과나무는 녹색에 흰점을 섞어 놓은 듯 새싹이 움트고 꽃이 피었다. 3년간 전교생이 달라붙어 애지중지 사과나무를 키워나가자 이이다의 사과나무 꽃이 피어난 사진이 전국 신문에 보도되며 화제가 되었고 일반시민들도 관심을 보이기 시작했다. 마침내 4년째 되던 해, 처음으로 사과가 달렸다. 첫 수확한 사과는 이이다의 사과나무를 보도해 준 아시히신문사와 시장에게 선물했다.

그러나 첫 수확을 거두던 아이들에겐 낙담도 컸다. 6월에 50개 정도의 사과가 달렸지만 8월까지 10개 정도가 떨어지고 10월에는 20개 정도가 사라졌으며 11월에 또 10개 가량이 사라졌다. 사라진 30여 개는 누군가가 따가버린 것이다.

"불행히도 어른들의 예언대로 됐다. 이이다의 학생들도 실망했지만 이이다 이야기에 희망을 걸었던 다른 지역 사람들도 실망했다. 그리고 양심 없는 사람들을 개탄했다. 공공의 것을 아끼지 않는 사람들이 안타깝다. 이이다의 아이들은 순진한 마음을 짓밟혔지만 그래도 전국에서 쇄도하는 격려 편지에 용기를 얻고 있다. 도둑을 피하지 말라. 내년에 또 좋은 나무를 심고 좋은 인심을 베풀라. 결실을 맺기 위해 부지런히 손질하라. 전국의 양심가들이 지켜보고 있다."

위와 같은 아사히신문의 보도 이후 학교엔 수백 통의 격려 편지가 날아들었다.

이듬해. 땀과 희망으로 결실을 맺은 사과는 약 400개. 고사한 나무도 없었고 사라진 사과도 없었다. 도시의 한가운데 10미터 폭의 너른 사과나무 거리는 붉은 사과를 주렁주렁 달고 이이다를 빛내고 있

중학교 아이들이 일궈낸 사과밭과 사과나무 거리를 상징하듯 아이들의 조각상이 서 있다. 조각상의 이름이 '꿈과 희망의 상'이다.

었다. 이이다의 사과나무 이야기는 교과서와 에세이집 《마음에 태양을 가져라》에 실려 일본의 청소년들에게 함께 일구는 세상의 의미를 일깨워 주었다.

사과나무는 저절로 자라난 것이 아니다

1970년대 들어서 사과나무 가로수는 시련의 시대를 맞는다. 도시화가 가속되고 마이카 시대가 도래한 것이다. 이이다 또한 차량이 늘면서 시가지의 공공주차장이 심각하게 부족해졌다. 시의 자문기관인 주차장문제연구협의회는 사과나무밭의 녹지대 양쪽을 1.5미터씩 깎아 주차장을 만드는 방법을 제안했다.

당시는 사과나무가 심어지기 시작한 지 20년이 넘는 때였다. 초창기에 사과나무를 심었던 중학생이 청장년이 된 시기였다. 소중한 기억을 가진 그들은 주차장 제안을 받아들일 수 없었다. 그들은 반박문을 내고 시민들에게 사과나무를 지켜줄 것을 호소했다. 중학생들은 묵묵히 사과나무를 더 열심히 돌보는 것으로 침묵시위를 했다. 다행히 주차장 건설을 바라던 시민들의 반 이상이 생각을 바꾸었다.

1980년 중반이 되자 또 다른 문제가 불거졌다. 30년 수령이 넘은 사과나무들이 고목이 되면서 병든 나무들이 생겨나기 시작한 것이다. 전문가들은 노령화도 문제지만 날로 늘어나는 교통량이 크게 악영향을 미치고 있다고 진단했다. 교통량의 문제는 학교의 힘으로 해결할 수 없는 일이었다. 학생들은 힘겨운 마음으로 죽어가는 나무들을 뽑아냈다. 솎아낸 나무는 태워서 그 자리에 새로 심은 나무의 거름으

로 뿌려 주었다.

　사과나무가 죽어가는 현상은 계속되었다. 근본적인 대책이 필요했
다. 1992년 지역상인회 등 이이다의 15개 단체 대표자와 시청의 전문
가로 구성된 '사과나무 가로수 포럼'이 설립되었다. 사과나무 가로수가
더 멋지게 새롭게 태어나길 바라는 염원의 결집이었다.

　포럼은 오랜 숙의 끝에 사과나무 가로수 구간을 완전히 도로공원화
하자고 결의했다. 그들은 차도를 더 줄여 일방통행길로 만들고, 그 길
이 구불구불 흐르도록 사행화시키자고 했다. 그 외에도 차도 바닥을
벽돌로 울퉁불퉁하게 마감하여 차량의 속도를 줄이게 하고, 찻길과
인도의 구분을 없애 사람들이 사과나무밭에 쉽게 들어가 친해지도록
하자고 했다. 또한 곳곳에 벤치와 이벤트 공간을 마련하며, 사과나무
밭 양쪽을 흘러온 용수로를 멋지게 리모델링하고, 조명을 환상적으로

사과가 붉게 달려 있기를 간
절히 바라던 내 마음에 보
답하듯 붉게 주렁주렁 달
려 있다.

연출하며, 사과나무 가로수 구역은 전선도 지중화하여 사과나무 가로수 영역 전체를 도로공원화하자는 계획이었다. 이 같은 회의 결과를 누구보다 기뻐한 것은 어린 학생들이었다. 학생들은 서로 얼싸안았다고 한다. 그 아이들이 함께 염원하고 사과나무를 심은 선배들이 강력한 지원군이 되어 이뤄낸 성과였다.

아사히신문은 "이이다 학생들의 진심의 상징인 사과나무 가로수가 다시 태어납니다. 이이다 사과나무 가로수 전체가 큰 공원처럼 됩니다. 자동차의 통행이 가능하긴 하지만, 사람이 먼저이고 나무가 먼저이며, 천천히 달려야 합니다"라며 이이다 사람들의 오랜 노력의 성과를 가장 쉽고 명쾌하게 전했다. 마침내 2000년. 대화재를 겪고 중학교 학생들의 손으로 일궈지기 시작한 사과나무 가로수밭은 아름다운 도시공원으로 거듭 태어났다.

도시의 사과밭, 완벽에 가까운 듯, 판타지인 듯

나가노에서 이이다로 향하는 열차 속에서 내 머릿속에는 붉게 익어 매달린 사과 사진 단 한 장만이 들어 있었다. '60여 년 전 중학생 아이들의 마음이 담긴 사과나무 거리는 대체 어떤 느낌일까…' 사과나무밭과 붉게 열린 사과는 과수원에 가면 얼마든 볼 수 있는 풍경이겠지만, 도시 중심부의 넓은 대로 한가운데서 느닷없이 등장하는 커다란 사과나무밭은 과수원과는 전혀 다른 느낌일 터였다. 일부러 10월에 맞추어 찾아온 내 성의를 봐서라도 사과들은 잘 익어 달려 있겠지….

이이다 역 근처의 숙소에 여장을 풀자마자 곧바로 사과나무 가로수

밭으로 향했다. 아침부터 추적추적 내리는 비가 멎질 않는다. 붉은 사과는 달려 있을지, 사진이나 찍을 수 있을지 걱정스러웠다.

용수로에 물이 꽤 많이 흐른다. 우산을 받쳐들고 먼길을 찾아온 이방인의 마음을 알았을까. 잘 익은 붉은 사과들이 주렁주렁 매달려 있다. 알들이 꽤 큼직하다. 빗방울이 사과들을 영롱하게 감싸고 있다. 도시의 붉은 사과. 그 속엔 오늘도 잘 익은 사과를 함께 지켜내고 있다는 얼굴 없는 시민들의 마음이 들어 있었다. 그 풍경도, 그 속에 담긴 것들도 마음을 더없이 풍요롭게 해준다.

숙소로 돌아갔다가 어둠이 내린 뒤 다시 사과나무를 찾았다. 용수로에 낮게 설치한 석재 조명등이 사과나무들을 신비롭게 비추고 있었다. 뾰족 지붕에 격자창을 가진 하얀집 모양의 조명등에서 새어나오는 짙은 오렌지빛이 도심의 사과나무밭을 천상의 공원처럼 느끼게 한다. 사진으로는 다 담을 수 없는 환상적인 분위기이다.

1950년대, 아직 크게 때 묻지 않았을 시대에 때 묻지 않은 아이들의 마음으로 싹을 틔운 나무들이니 오늘의 그 환상적인 아름다움은 꽤 오랜 시간의 노력과 정성이 만들어낸 것이다. 실개천과 적절한 조명이 함께 어우러진 그곳을 보행자 도로라 부르고 보니, 도로에 대한 새로운 개념이 생겨나는 듯했다.

나름대로의 임무를 마치고 찾아 앉은 이자카야는 70대의 여자분이 홀로 운영하고 있었다. 다치의 저편에 마을사람 두어 명이 둘러앉아 있다. 몇 잔을 들이키고 나니 아주머니가 묻는다. 보아하니 여기사람이 아닌데 혼자 어떻게 어디서 왔냐고. 이이다의 사과밭을 보러 한국에서 왔다고 했다. 놀라신다. 더 놀란 것은 나였다. 그이는 자신이 초창기, 그러니까 처음 사과나무를 심고 가꾸던 바로 그 중학생 중

용수로의 낮은 교각등이 연출하는 밤의 전경. 마치 작은 천사들이 사는 천상의 나라 같다.

한 명이었다고 했다. 사과밭이 시작된 지 60년이 넘었으니 나이가 맞아떨어진다.

아주머니가 회상에 잠긴다. 말이 시원스레 소통되지는 않았지만, 말을 넘어 그이의 표정에서 감회가 전해진다. 이방인을 배려하여 천천히 조심스럽게 당시의 이야기를 이어간다. 60여 년 전 거리에 사과나무를 심고 가꾸었던 까만 머리의 소녀는 이제 주름진 얼굴이 되어, 이이다는 계속 아름다운 도시로 발전해 나갈 것이라고 다짐한다. 10년 후면 신칸센이 연결되고 도쿄까지 40분이면 갈 수 있다고 자랑도 덧붙였다.

작별을 하고 밤길을 걸었다. 대도시로부터 멀리 떨어져 고립된 도시로 세월을 지내온 이이다의 외로움이 느껴졌달까. 어쩌면 고립감이 적잖았을 그들은 아이에서 어른까지 모두 힘을 모아 완벽에 가까운 아름다운 거리를 만들어내고야 말았다.

초보 시장의 10년이 일궈낸 보행자 천국

아사히카와

旭川

최연소 시장이 된 이가라시는
젊은 시절 늘 어떤 거리를 꿈꾸었다.
술 취해 비틀거리는 사람들조차 안전하고 자유로운 거리였다.

시장이 된 그는 역 앞에 보행자 천국이자 쇼핑공원을 만들기로 했다.
그러나 모든 관계당국에서 불가능하다고 했다.
12일씩의 실험을 몇 차례나 거듭하고 거듭했다.
국도는 폐지됐고 보행자 천국이 탄생했다.
10년간의 대사업이었다.
보는 이에 따라서는 힘을 가진 시장이 도로 하나 바꾸어낸 일일 수도 있었다.
그러나 그것은 굳어진 일상에 던진
작은 질문 하나가 만들어낸 지난한 싸움의 결과였다.

평화의 거리로 변신한 군사기지의 길목

찾아가는 길

삿포로 신치토세 공항을 통한다. 공항에서 삿포로로 옮겨, 삿포로에서 아사히카와까지 기차로 약 2시간 걸린다. 아사히카와 역에서 헤이와토오리는 멀지 않다.

일본 홋카이도 여행은 주로 중부의 삿포로와 오타루를 잇는 지역과 남부의 하코다테를 중심으로 이루어진다. 홋카이도가 일본 정치영역에 본격적으로 편입된 것은 1867년 메이지 유신 직후다. 편입 당시 하코다테와 오타루가 개항지 역할을 했고 행정의 중심지가 삿포로였기 때문에 근대문화유산도 꽤 많다.

반면 홋카이도 북동부를 대표하는 대도시는 아사히카와 시다. 삿포로에서 기차로 2시간 거리다. 근래엔 후라노富良野와 비에이美瑛 지역이 유명해지면서 홋카이도의 북동부 여행도 늘고 있다. 후라노와 비에이는 개발되지 않은 넓은 초원지대와 색색가지 꽃을 피우는 허브나무들의 너른 풍경이 눈길을 사로잡는 곳이다. 마에다 신조라는 사진작가가 홋카이도 북동부의 이국적이며 원초적인 자연풍경을 일념으로 사진에 담아내면서 널리 알려졌다. 아사히카와는 그런 후라노와 비에이를 찾아가는 길목에 있다.

아사히카와의 성장은 당연히 삿포로보다 뒤늦었다. 아사히카와는 삿포로가 일본 정부에 편입된 후에도 도시로 성장하지 못하다가 1894년경 청일전쟁을 치르면서 본격적으로 성장했다. 일본의 군비와 군사기지 확장 과정에서 홋카이도 북동부에 대단위 군 주둔지가 필요했기 때문이다.

삿포로에서 아사히카와까지 철도가 연결되고 아사히카와 북쪽에 육군 제7사단이 개설되자 아사히카와는 인구와 물자의 유입이 급격히 늘며 도시로 성장했다. 현재는 서쪽에 치우쳐 있는 삿포로를 대신하여 홋카이도 북동부의 중심지 역할을 하는 도시로 교통량과 상업적

아사히카와 시

기능이 상당한 도시다.

제7사단의 인력과 물자는 아사히카와 역을 거쳐 이동됐다. 그 길목 역할을 했던 20미터 폭의 넓은 도로가 사단로였다. 사단의 군수품 소송 통로였기에 붙여진 이름이다. 그 사단거리는 일본이 전쟁에 패하고 항복한 이후 전쟁의 경험을 잊지 말자는 의미에서 헤이와토오리平和通り (평화거리)로 바뀌었다. 현재 전국적으로 유명한 보행자 천국으로 탈바꿈한 헤이와토오리 쇼핑공원이 바로 거기에 있다.

'술 취해 비틀거려도 안전하고 자유로운 거리는 없을까'. 작은 질문 하나에서 출발한 긴 미래

아사히카와 시의 겨울은 영하 30도를 밑도는 날이 많다. 긴 겨울 내내 거리는 온통 눈더미다. 퇴근길의 풍경이란 두터운 코트로 온몸을 감싸고 웅크린 채 눈더미를 헤치며 걷는 이들의 움츠린 모습들. 그럴 때 도심 이자카야의 창밖으로 비쳐나오는 오렌지빛 따스한 온기는 차마 외면하기가 쉽지 않다. 아쓰칸熱燗(뜨겁게 데운 사케) 한 잔을 주문한다. 오뎅 냄비에서 피어오르는 김처럼 온몸이 풀린다. 하얀 입김을 내뿜으며 퇴근하는 아사히카와의 직장인들은 헤이와토오리의 이자카야에서 뜨거운 사케 한 잔으로 하루를 녹이는 것이 큰 낙이다. 오래 전 아사히카와의 젊은 시장을 지낸 이가라시 고조도 청년시절 그 가운데 한 사람이었다.

1960년대에 들어서자 상점 밀집지역이 된 아사히카와 시의 헤이와토오리는 하루 교통량이 1만 대에 이르고 교통사고도 늘었다. 이가라

시 고조는 그 거리에서 얼큰하게 취해 나올 때면 종종 생각했다. '이 거리가 비틀거리는 사람들조차도 자유롭고 안전하게 걷고 쉴 수 있는 장소가 될 수는 없을까?' 취중에도 청년 이가라시는 뭔가 다른 거리를 상상했다.

1963년 이가라시는 37세에 전국 최연소 시장이 되었다. 그는 아사히카와 역 주변의 교통상황을 검토했다. 역 앞에는 남북으로 쇼와 거리와 미도리바시 거리 두 개의 대로가 뻗어 있고, 그 사이에 헤이와토오리가 평행으로 뻗어 있다. 차량을 쇼와 거리와 미도리바시 거리로 분산하면 헤이와토오리의 차량통행량을 줄일 수 있을 것 같았다.

그는 헤이와토오리를 보행자 천국으로 만들 계획을 세웠다. 일부 상인들은 차량통행이 금지되면 접근성이 떨어질 것이라고 우려했다. 그러나 이가라시는 차량통행 없이 걷는 길이 되면 상가가 더 활성화될 것이라고 설득했다.

헤이와토오리의 보행자 도로화는 보행자의 안전 이외에도 상가 번영이라는 목표가 있었다. 당시 삿포로와 아사히카와를 잇는 철도가 복선화되어 2시간 내의 생활권에 들자 아사히카와 시민들이 삿포로의 대형 상권으로 이동하면서 헤이와토오리의 상권이 쇠락해가고 있었기 때문이다. 전문가들도 그 점을 지적했다. 1968년 〈아사히카와 시 상업진단 권고서〉는 아사히카와 상권의 변화 없이는 점점 쇠퇴할 것이며 도시재생을 통한 쇼핑공원 조성은 매력 있는 도시를 만들 것이라 했다.

마침내 이가라시는 헤이와토오리 쇼핑공원 구상을 발표했다. 유럽의 쇼핑몰처럼 느긋하게 쇼핑을 즐길 수 있는 녹지공간을 만들어, 모터라이제이션Motorization(자동차가 대중에게 보급되어 생활필수품으로 자리 잡는 현상)에 맞서는 인간성 회복을 이루겠다고 했다.

모두가 반대하는 새로운 시도. 보행자 천국

그러나 장애물은 뜻하지 않은 곳에서 불거졌다. 쇼핑공원 구상에 대해 관계당국 모두가 불가능하다는 뜻을 밝혔다. 교통 관련 부처에서는 헤이와토오리가 국도이기 때문에 국도 폐지 결정이 나지 않는 한 차량을 막는 것은 불가능하다고 했다. 경찰서와 소방서에서도 간선도로의 점용 등을 허가할 수 없다고 통보해 왔다. 택시와 버스 운송조합까지도 반대했다.

시가 나서서 여러 관계당국과 상공회의소 등의 합동 회의를 열었지만 지루하게 반대의견만 되풀이 될 뿐이었다.

이가라시와 상인들은 일단 실험을 해보기로 전략을 바꿨다. 그들은 관련 기관들에 한 달 동안 보행자 거리를 실시해 보자고 제안했다. 여름 축제기간이 적기였다. 관계 부처들은 헤이와토오리 차량통행 금지 기간을 12일로 단축하고 사고 발생 시 즉시 중단한다는 조건을 붙여 이를 허락했다. 국도관리청은 현행법에서 인정되지 않는다는 이유로 허가하지 않았지만, 불허라는 공문을 보내지도 않은 채 묵인으로 방조해 주었다. 버스나 택시 운송회사도 주변 교통혼잡을 우려하긴 했지만 최종적으로 동의했다

12일간의 실험. 그리고 다시 12일. 12일…

1969년 8월, 보행자 천국(쇼핑공원)을 위한 12일간의 사회 실험. 상가 주민들은 질서 있게 차도에 임시 화단과 분수, 화분들과 벤치, 파라솔 등을 설치했다. 총 8억 원 가량이 드는 예산 중 20%만 시의 보조를 받고 나머지는 대부분 상인들이 감당했다. 상인들로서는 1회성 실험으로 끝나서는 결코 안 될 긴장된 실험이었다. 자신들의 생계문제도 중요하지만 이는 헤이와토오리와 아사히카와가 새롭게 변신할 수 있는 실험이기도 했다.

12일간의 실험은 대성공이었다. 실험기간 동안 평소보다 수 배나 되는 쇼핑객이 변화된 헤이와토오리를 찾아 성황을 이뤘다. 염려했던 큰 혼잡은 없었다. 헤이와토오리를 통행하던 차량이 주변 도로로 분산될 수 있다는 것도 증명됐다. 버스노선이 변경되어 정류장이 주변도로로 이전되었지만 보행자가 어려움을 호소하는 일도 없었다.

12일간의 실험이 성공하자 이젠 실험을 넘어 실제로 보행자 천국으로 만들자는 의지가 높아졌다. 그러나 국도에 관한 법과 제도들을 바꾸는 일은 쉬운 게 아니었다. 짧은 시간 안에 마무리되는 일도 아니었다. 해결이 장기화되어가자 시에선 이듬해에도 또 그 이듬해에도 12일간의 실험을 매년 거듭해갔다.

그러다 마침내 5년이 지나서야 먼저 국도가 폐지 결정이 나왔다. 국도관리청은 헤이와토오리의 국도를 폐지하고 미도리바시에 새로 국도를 지정했다. 도로 관리가 지방청으로 옮겨지고 도로점용 등에 관한 허가가 간편해졌다. 이에 시와 상가 주민들은 보행자 천국의 건설에 대한 세 가지 기본 콘셉트를 정했다. 걷는 것이 즐거운 변화 있는 경

두 손으로 싸안 듯, 희망하는 듯, 헤이와토오리 북쪽의 분수상.

관 조성, 공원을 연상시키는 쉼터, 아사히카와 지역정체성의 회복 등이었다.

사람 중심의 길, 아마추어의 패기와 뚝심이 거둔 성공

전날 먼저 비에이와 후라노를 찾아 오전, 오후 내내 열심히 걸었던 탓에 다리가 무척 아파왔다. 비에이에서는 유람버스를 탔다가 중간에 내려 15킬로미터가 넘는 초원을 걸어서 둘러봤으니 아플 만도 했다.

아사히카와 헤이와토오리에 도착한 것은 저녁 무렵이었다. 20미터 폭의 1킬로미터에 이르는 대로가 모두 보행자를 위한 공간이었다. 일직선으로 뻗어 있는 헤이와토오리는 변화가 있고 오밀조밀하게 설계되어 있었다. 길 양편이 똑같이 대칭을 이룬 구조가 아니라서 시야가 탁 트이는 장중함은 덜 했지만 쇼핑공원이라는 콘셉트에 잘 맞도록 벤치나 가로수, 분수, 시계탑, 아이들을 위한 정글짐 같은 스트리트퍼니처가 곳곳에 배치되어 있다. 거리라기보다는 길다란 공원인 셈이다.

비워진 큰 거리의 너른 공간을 사람들이 자유롭게 걸었다. 상가들도 밝다. 속칭 차도녀상(차가운 도시 여자상), 무엇인가를 구하듯 크게 벌린 커다란 두 손, 섹소폰을 부는 낭만 노인 등 청동조각들도 볼 만하다. 겨울에 가보지는 못했지만 눈 쌓인 낭만의 밤은 밤새 환할 것 같다. 상가 앞 일정구간은 로드히팅road heating이 깔려 있어 겨울에도 걷는 길이 안전하게 지켜진다고 한다. 이자카야에서 아무리 취해서 나와도 차에 다칠 일은 없겠다.

10년의 대사업이었다. 보는 이에 따라서는 힘을 가진 시장이 도로 하나 바꾸는 정도의 일일 수도 있었다. 그러나 그것은 굳어진 일상에 던진 작은 질문 하나가 만들어낸 지난한 싸움의 결과였다. 그들은 "처음에는 너무 기발한 구상이라 도무지 감이 잡히지 않았다"고 했지만 용기 있게 시작했다. 시청 공무원들과 상인들, 청년회의소의 젊은이들이 밤마다 찻집과 이자카야에서 회의를 거듭했다. 그 뜨겁고 인내력 있는 의지가 경찰과 도로청 등 관계 부처를 감동시켜 전국적으로 유명한 보행자 천국을 만들었다.

아사히카와 시민들은 말한다. "쇼핑공원의 취지는 단순한 상업 활성화가 아닙니다. 그것은 '인간성 회복'이었습니다. 차 중심의 사회에서 자연과의 대화로, 아사히카와 시민은 힘을 모아 도시를 관통하는 국도를 꽃과 초록이 넘치는 산책과 데이트, 쇼핑 공간, '사람을 위한 길'로 바꿨습니다."

그 길 위에서 해마다 겨울 국제얼음조각축제와 여름 마츠리 등 다양한 축제가 열린다.

이가라시는 "당시 나는 시정에 아마추어였다. 그런데 그 점이 오히려 행운이었다. 아마추어였기에 밀어붙였다. 아마추어 정신이 없었다면 국도를 폐지하는 일은 아예 포기했을 것이다. 아마추어 정신이야말로 많은 관료들이 잊어서는 안 된다"고 했다.

그는 이후 일본 중앙정부의 건설대신과 관방장관을 지내고 2013년 세상을 떠났다.

제**5**장

오래된 것은 아름답다

쓰마고·마고메 | 나가사키 | 아리타·이마리 | 온천마을들

에도 막부의 권력과 애환을 담은 특별한 숙박마을

쓰마고·마고메

妻籠·馬籠

그들은 '전통적 건조물군 보존지구'라는 제도를 두어
전통의 보존방식에 대한 개념을 바꾸어놓았다.
문화재가 되는 건축물을 '점'이 아니라 '면'으로 보존한다는 개념이다.
해당 건축물만이 아니라 일대의 여러 요소들을 하나의 영역으로 묶어
그 가치를 부각시키는 것이다.
이 같은 보존지구가 전국에 117곳. 개별 건축물로는 2만 호가 넘는다.
그 대표적인 것이 산킨 제도가 낳은 대규모 숙박마을들이다.
에도 정권의 애환이 담긴 산킨 제도가 사라지고 숙장정들이 사라질 위기에,
주민들은 이렇게 나섰다.
'팔지 말자, 임대하지 말자, 부수지 말자'

시간은 모든 것을 쓸어가는 비바람 (중략)

시간은 아름다움을 빚어내는 거장의 손길 (중략)

오랜 시간을 순명하며 살아나온 것

시류를 거슬러 정직하게 낡아진 것

낡아짐으로 꾸준히 새로워지는 것

오래된 것들은 다 아름답다 (중략)

해와 달의 손길로 닦아지고

비바람과 눈보라가 쓸어내려준

순해지고 겸손해지고 깊어진 것들은 (중략)

오래된 것들은 다 아름답다.

　　　　　　 – 박노해, 〈오래된 것들은 다 아름답다〉

찾아가는 길

쓰마고와 마고메는 나고야 공항으로 가는 게 좋다. 나기소 역에서 내려 버스를 탄다. 쓰마고와 마고메를 모두 가는 버스가 있다.

나기소 역

급성장의 환희 속에 일어난 각성

1960년대 도쿄올림픽, 베트남전쟁 등으로 특수를 맞은 일본은 고도성장기를 맞는다. 1968년에는 국민총생산GNP이 자본주의 국가로는 미국 다음이었다. 일본의 급작스런 성장은 세계적으로 드문 사례여서 '동양의 기적'이라 했다. 1975년의 1인당 국민소득은 5000달러. 당시 우리는 650달러였다. 이 같은 성장은 도시화를 확대시키며 모든 것을 현대화시켰다. 매일 매일 새로운 것이 관심을 끌었고, 옛것은 뒷전으로 밀려났다.

그러나 제2차 세계대전 패망 직후부터 일본에서는 물질 위주의 근현대화 과정에 의문을 제기하는 지식인 그룹이 줄곧 있어왔다. 대표적인 인물이 정치사상가 마루야마 마사오丸山眞男. 그는 1960년 하코네에서 열린 일본 근대화 관련 세미나에서 "근대화를 이해할 때 물질적 성장을 의미하는 서구적 개념에 매몰되어서는 안 된다. 진정한 근대화란 개인의 자유의 확대이며 민주주의의 발전이다"라며 일본 군국주의의 오류를 개탄했다.

일본의 지성들은 물질적 성장 뒤에 정신과 문화가 파괴되어가는 것을 바라만 보고 있지 않았다. 그들의 사상적 반성은 전후 일본의 민주주의 정립에 크게 기여했다. 1970년에 들어서서는 사회문화 각계에서 정신적·문화적 전통을 보존하고 회복해야 한다는 목소리가 높아졌다. 이러한 흐름을 타고 시행된 중요한 제도가 있다.

'전통적 건조물군 보존지구'라는 제도, 전통의 보존방식에 대한 개념을 바꾸다

1975년 일본 문부성은 '중요 전통적 건조물군 보존지구'를 시행했다. 줄여서 '전건지구'라고 부른다. 어느 나라든 중요한 전통적 건축물이나 유적을 문화재로 지정해 보호하고 있지만, 전건지구는 다른 특징을 갖고 있다. 문화재가 되는 건축물을 '점'이 아니라 '면'으로 보존한다는 개념이다. 의미 있는 전통건축물만 콕 집어 띄엄띄엄 점처럼 덩그러니 보존하는 것이 아니라, 그 일대의 부분적인 전통시설물이나 경관을 이루는 요소들까지 아울러서 하나의 영역으로 보존하

는 방식이다.

　대개 점처럼 보존되는 역사적인 건축물들은 주위의 현대화된 건축물들에 둘러싸여 고립되고 본래의 가치가 왜소해져 버린다. 그러나 전건지구로 지정되면 일대의 사찰, 신사, 주택, 상가 등 건축물은 물론 문, 토담, 실개천, 석탑, 석불, 석단도로 등 관련 시설물이나 정원 등을 모두 포함하여 그 역사적 풍치를 담은 거리나 마을을 보존할 수 있게 된다. 달랑 어느 하나를 보존하는 것과는 전혀 다른 가치를 갖게 되는, 전통보존 방식의 새로운 개념이다.

　전건지구는 현재 일본 전국에 117곳이 지정되어 있다. 개별 건축물로 따지면 2만 호가 넘는다. 각 전건지구는 역사적으로 형성되어온 목

쓰마고주쿠. 1973년 주민들의 노력으로 최초의 전통적 건조물군 보존지구로 지정되어 지금까지 지켜오고 있다.

적과 위치에 따라 성하정城下町(성 아랫마을), 숙장정宿場町(숙박촌), 사내
정寺内町(절 안마을), 항정港町(항구마을), 온천정溫泉町(온천마을) 등으로 구
분되어 있다.

영주들을 복종케 하라. 모든 길은 에도(도쿄)로 통한다

　1500년대 초, 일본은 무로마치 막부가 흔들리면서 이후 100년 동안
일본사에서 유명한 전국시대를 맞이하게 된다. 100년 동안 전국이 분
열되어 크고 작은 번의 영주들이 수많은 전쟁을 치르다가 오부 노부나
가라는 괴짜에 의해 전국 통일의 기틀이 잡혔다. 이후 도요토미 히데
요시에 의해 전국이 통일되었고, 결국 도쿠가와 이에야스가 에도 막부

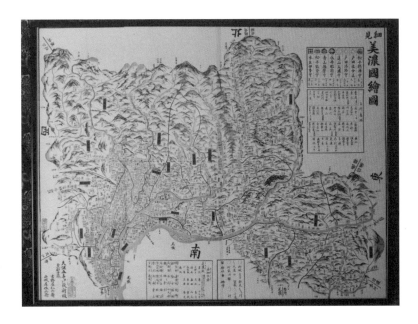

에도 시대 일본 기후 현 일대
의 고지도.

를 세우며 평화시대에 접어든다.

전국시대를 주름잡은 위 세 인물의 시대를 그린 소설이 《대망大望》
이다. 대망은 본래 《도쿠가와 이에야스德川家康》라는 제목으로 발간된
야마오카 소하치山岡荘八의 소설이다. 제2차 세계대전 이후 패전의 실의
에 빠져 있던 일본 국민들에게 희망과 포부를 불러일으키기 위해 도쿠
가와 이에야스라는 걸출한 영웅을 내세웠다.

에도 막부 시대는 그야말로 일본의 전형적인 중세시대이다. 약 300
년 동안 안정된 정권을 기초로 농업생산력이 늘고 물질문명이 성장했
다. 막부가 천황의 그늘에서 벗어나 독립적인 정권을 행사하기 위해
천황궁이 있는 교토를 떠나 현재의 도쿄인 에도에 막부를 세워 에도
시대라 부른다.

에도 시대의 강고한 봉건제도는 막부 중심의 강력한 중앙집권형 정
책을 펼치며 수도인 에도를 중심으로 전국의 영주와 상인들을 하나로
묶어냈다. 에도와 각 지방 사이에는 사람과 물품의 교류가 활발했다.
이에 전국적으로 각 지방에서 에도에 이르는 길이 생겨났다. 모든 길
은 에도로 통했다. 에도와 지방을 연결하는 길이 번성한 것은 산킨코
타이参勤交代 때문이었다.

산킨코타이란 지방 영주들을 의무적으로 1년에 한 달씩 에도에 와
서 살게 하고, 각 영주의 부인과 아이들은 에도에 묶어두는 일종의
볼모제도다. 100년간 전쟁의 참화를 경험한 뒤 비로소 전국을 통일한
에도 막부는 언제 또 봉기할지 모르는 지방 영주의 반란 음모를 사전
에 막고 막부의 지배력을 강화해야 했다. 두 곳에 거처를 유지해야 했
던 지방의 영주들은 에도를 오가기 위해 많은 지출을 해야 했고, 이
로 인해 재정적인 압박에 시달리자 전쟁 비용을 마련하기도 어려웠

다. 이 제도는 영주들을 도쿠가와 막부에 복종하게 하는 데 큰 역할을 했다.

산킨 제도는 일본의 교통과 상업에 막대한 영향을 미쳤다. 이동에만 한 달 내외가 걸리는데다가, 영주들은 자신들의 영지의 세액에 부합하는 수만큼의 사무라이들을 대동해야 했다. 또한 하인 등 군속까지 합치면 이동행렬은 수백 명이 넘는 것이 예사였다. 오죽하면 에도 막부가 망한 중요 원인의 하나로 평가된다. 막대한 비용과 시간을 소모해야 했던 영주들은 자신들의 영지를 소홀하게 통치할 수밖에 없었고 여러모로 에도 막부에 대한 불만이 극에 달하게 된 까닭이다.

일본만의 독특한 전통마을 숙장정엔 에도 막부가 들어 있다

산킨 제도는 필연적으로 독특한 숙박업을 발전시켰다. 일반 서민이나 상인을 상대로 한 작은 여관이 아니라, 영주의 대규모 이동행렬이 먹고 잘 수 있는 숙박단지가 필요했다. 그런 숙소로 쓰이던 마을이 전건지구로 지정된 곳이 숙장정이다.

숙장정의 규모는 대단했다. 건물의 규모와 화려함도 다양했다. 영주와 가족 그리고 직속 하인이 머무르는 혼진本陣, 관리와 군속 등이 머무르던 와키혼진脇本陣, 병졸들이 묵는 하마혼진浜本陣 등으로 나누어 건물에 차이를 두었다. 일반 서민들이나 상인들도 숙장정을 이용했는데, 그들의 숙소들은 혼진 외곽에 형성됐다.

대표적인 숙장정 쓰마고를 지킨 힘,
'팔지 말자, 임대하지 말자, 부수지 말자'

쓰마고주쿠

숙장정의 대표적인 곳이 나가노 현의 쓰마고주쿠妻籠宿다. 에도 시대 지방과 에도를 잇는 길 가운데 가장 왕래가 많았던 나카센도中山道의 숙장정 69개 가운데 하나이다. 나카센도는 교토와 에도를 잇는 대표적인 길이었다. 한창 때는 약 500미터의 거리에 60여 채의 숙박시설이 밀집해 있었고, 숙박업을 위한 인력만도 300명이 넘었다. 현재는 혼진 한 채와 와키혼진 한 채, 일반여관 31채 등이 있고, 수공예품점이나 음식점과 함께 약 10여 곳의 여관이 실제로 영업하고 있다.

모든 숙장정은 메이지 유신 이후로 자연스럽게 그 기능이 쇠락해갔다. 에도 막부가 망하자 산킨 제도가 사라졌고 근현대화 과정에서 현대적 도로가 개설되자 산 넘고 물 건너야 닿을 수 있었던 나카센도의 숙장정들은 당연히 쇠락하기 마련이었다.

쓰마고의 주민들은 집을 팔고 나가거나 편리하게 개축하기 시작했다. 그러나 그것이 대안이 되지 못한다고 생각한 일부의 주민들이 나섰다. 오히려 쓰마고를 보존함으로써 쓰마고의 가치를 높이자는 것이었다. 그들은 세상이 도시화되더라도 언젠가 사람들은 옛것을 찾아 자신의 고향처럼 돌아올 것이라고 생각했다.

"팔지 말자, 임대하지 말자, 부수지 말자"

이는 1973년 쓰마고의 주민들이 보존운동을 시작할 때 의기투합했던 슬로건이다. 지금은 전통적 건조물군 보존지구 쓰마고 숙장정의 주민헌장이 되어 있다. 이러한 원칙 아래 쓰마고 숙장정은 최초의 전건지구로 지정되었다. 주민들의 자발적인 노력에 의해서였다. 에도 시대의 전통을 보존하여 후세에 전한다는 것이 그들의 긍지이다. 쓰마고의 이러한 주민의 의지는 일본 전역에 전건지구를 탄생시키는 데 많은 영향을 주었으며 선구자적인 역할을 했다.

쓰마고 거리에 들어서자 묵직한 흑갈색의 목조주택들이 중세시대의 영화세트장처럼 한눈에 들어왔다. 산속에 오로지 숙장정의 역할로만 들어선 마을이라 여행객들이 꽤 붐비는데도 고즈넉하게 느껴진다. 보도도 잘 정비되어 있고 길가에 조명도 나지막히 잘 설치되어 있다. 전선도 지중화되어 경관이 깔끔하다. 특별히 현대적 요소를 더한 것이 보이지 않았다. 요란한 시설 없이 세월을 거슬러오른 단정한 옛 마을이다.

쓰마고는 이미 국제적으로 이름난 곳이라 관광객이 연 100만 명을 넘는다. 여행 전 미리 숙소를 잡으려고 했지만 예약을 못했다. 낮보다는 밤의 고요한 정취를 느껴야 더 좋을 것 같았지만 넘쳐나는 여행객들 때문에 발길을 돌려 마고메로 향했다.

호젓한 마고메 숙장정이 불러온 유년의 추억

마고메주쿠

쓰마고에서 고개 하나를 넘으면 마고메주쿠馬籠宿다. 마고메는 유명세가 덜해서인지 쓰마고보다 호젓한 분위기였다. 나는 그런 마고메의 경관이 더 맘에 들었다.

마고메는 1915년 큰 화재를 당해 여관이었던 옛 건물이 많이 소실되었다. 보전되어야 할 건축물은 적지만, 마고메의 진가는 완만한 언덕길 사카미치坂道와 돌판길 이시타다미石疊에 있다.

돌판으로 바닥을 입힌 언덕마
을 마고메. 고즈넉하고 귀한
산책길이다.

마고메는 언덕마을이라 오르막길이 마을의 중심을 이룬다. 이시타다미는 자연석을 넓은 판모양으로 잘라 바닥에 입혀 놓은 길이다. 볏짚을 넣은 돗자리로 방바닥을 까는 일본식 바닥재를 다다미라 부르듯 길바닥을 돌판으로 입히는 방식을 이시타다미라고 한다.

이시타다미는 가장자리 양쪽의 상가 입구는 거친 자연석으로, 가운데 주요 보도에는 평평하고 넓은 돌판으로 깔려 있다. 회색의 자연석과 검푸른 빛의 돌판이 잘 조화되어 있다. 오르막을 따라 이시타다미가 뻗어 있는 풍경은 한발 한발 내딛는 발길조차 조심스럽고 경건하게 한다.

저물녘이 되자 마고메는 더 호젓했다. 이시타다미 언덕을 천천히 산책하고 하룻밤을 예약해 둔 곳은 절이었다. 일종의 산사체험이다. 우리나라의 템플스테이처럼 규모 있게 운영되는 것이 아니라 아주 조그만 절의 뒷방에 머무는 일이었다. 숙소인 에이쇼지永昌寺는 1665년에 세워진 임제종의 고찰이다. 일본의 작은 절들은 대부분 개인사찰이다.

에이쇼지는 절 뒤쪽으로 정원을 끼고 숙소로 제공하는 방이 3개 정도 있다. 정원 건너편 방에는 동유럽인으로 보이는 여자가 아이 둘을 데리고 묵고 있었다. 그들에겐 절에서 묵는 일이 신비로운 경험이 될 것이다. 주지의 아내로 보이는 여주인이 정성껏 저녁상을 차려준다. 정통 사찰음식은 아니지만 정갈하다. 저녁을 먹은 후 다시 마을길로 나섰다. 어릴 적 저녁을 먹고 엄마 손을 잡고 나섰던 밤마실길 같다. 시원한 바람결이 관광지가 아닌 유년의 고향마을을 느끼게 한다.

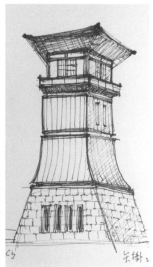

구마카와주쿠

운노주쿠

에도로부터 동서남북,
길마다 뻗어 있는 숙장정 전건지구들

쓰마고와 마고메를 시작으로 일본 각 지역의 숙장정들이 속속 전건지구로 지정됐다. 숙장정들은 오래된 옛길에 숙장의 기능으로만 독립적으로 조성된 마을들이기 때문에 마을 자체가 전건지구로 지정되기에 알맞다. 숙장정은 에도를 중심으로 동서남북 각 지방에서 에도로 통하던 길에 조성되어 있다.

에도를 중심으로 남쪽으로는 오카야마 현의 야카게矢掛町가 대표적이고, 동북쪽으로는 나가노 현의 운노주쿠海野宿가, 북쪽으로는 후쿠이 현의 구마카와주쿠熊川宿가 대표적이다. 야카게는 혼진을 중심으로 한 향토적 마을 분위기가 정겹고, 운노와 구마카와는 둘 다 길게 뻗은 적갈색의 목조 여관촌을 따라 오래된 도랑이 힘차게 흐르고 있는 것이 특징이다. 어디에나 시간을 거슬러 올라간 오래된 것들의 아름다움이 묵직하게 가라앉아 있다.

구마카와를 찾아갔을 때는 여름이었다. 작열하는 태양 아래 적나라하게 노출된 것도 잊은 채 배낭을 멘 이방인은 한참이나 뚜벅뚜벅… 중세의 옛 길을 걸었다. 거리의 중간쯤에 가쿠조지覚成寺라는 절이 있다. 자그마한 절 앞에 걸음을 멈추었다. 절 게시판에 노련한 붓글씨로 쓰여진 8월의 법문이 붙어 있다.

"매미는 오로지 여름 한철을 운다. 그러나 매미는 그것이 여름인 줄을 모른다."

지나는 이들은 그 매미와 매미의 울음을… 저마다 어떻게 이해했을까.

▲ 운노주쿠. 500미터에 이르는 길 양쪽으로 옛 료칸으로 쓰이던 목조건물들이 나란히 서 있다.
◀◀ 야카게 혼진 근처에 있는 야카게 향토미술관의 수루. 그 모습이 너무 마음에 들어 거리 한편에 앉아 오랜만에 스케치를 해보았다.

조선과 일본의 격차를 만든 개항지

나가사키

長崎

일본 근대화의 묘한 실마리가 시작되는 곳은 나가사키 구로바엔.
메이지 유신의 발판을 만든 정치적 개혁가 사카모토 료마,
메이지 유신을 통해 일본 산업화와 경제적 성장을 이룬 이와사키 야타로,
이들을 지도하고 자문한 구로바엔의 주인인 서양 상인 블레이크 글로버.
일본의 새로운 역사를 이루어낸 3개의 중요한 고리가 되어준
3인의 면면이 얽혀 있는 구로바엔은
그들이 직간접적으로 조선에 끼친 영향을 떠올리게 하며
씁쓸함을 감출 수 없는 현장이다.
그래서 오히려 우리에게 부족했던 것은 무엇인가를 돌아보게 하는
쓰디쓴 반성의 현장이기도 하다.
나가사키는 내게 오래된 것의 아름다움과 함께
역사의 회한과 안타까움과 충격과 의문을 동시에 던지는 곳이다.

'남길 수 있는 것은 무엇이든 남기자'며
시민들이 함께 했던 문화유산 보존운동으로 나가사키는
시대를 불문하고 동서양을 불문하는 오래된 것의 총 집합소가 되었다.
역사적 흔적과 기록들을 보존하려는 그들의 노력과 태도는
결국 자신들을 먹여 살릴 미래자원으로 도시를 재탄생시켰다.

일본의 역사를 바꾼 가장 큰 사건, 개항

찾아가는 길
나가사키 공항으로 간다. 나가사키 시 안에서는 주로 노면전차를 타고 이동하면 된다. 나가사키 항에 2시간 가량 군함도를 돌아보는 유람선이 있다.

일본의 중세시대를 이끌던 에도 막부의 말기인 1854년경 거대한 괴물 같은 증기선이 에도 앞바다에 나타났다. 목선만 알고 있던 사무라이들에게 미국의 철선 페리함은 실제 괴물이나 다름없었다. 강력한 서양의 도전에 문을 닫아걸고 싸울 것인가, 문을 열고 선진 문물을 받아들일 것인가. 일본도 그 갈등을 비껴갈 수 없었다. 자기정체성을 잃지 않으면서 진취적인 개방성을 발휘하기란 언제나 어렵다. 일본은 동양의 나라들 중 서양의 문물에 대응하여 근대화를 가장 주체적으로 이룬 나라다. 그 결정적 계기가 1868년 메이지 유신이다. 서양의 도전에 유능하게 대처하지 못한 막부 정치를 끝내고, 왕정을 복고하되 정치를 쇄신하고 서양의 문물을 주체적으로 받아들이게 된 시발점이었다.

일본의 근대화와 개국정책은 메이지 공신들이 주도했다. 그 메이지 공신들 중에서도 대표적인 개혁자인 사카모토 료마坂本龍馬는 도쿠가와 이에야스를 제치고 일본인들이 가장 존경하는 인물이다. 료마는 현재의 고치高知 현인 옛 도사번土佐藩 출신의 하급 사무라이다. 시바 료타로의 소설《료마가 간다竜馬がゆく》는 료마를 중심으로 젊은 메이지 공신들이 일본의 근대화에 얼마나 치열하게 고민하고 노력했는지를 그리고 있다. 재일동포 3세로서 일본 IT산업 재벌인 손정의도 "내 거대한 꿈과 무모한 도전은 모두 그에게서 배운 것"이라며 료마를 칭송했다.

메이지 유신을 계기로 일본은 정치체제를 근대민주주의로 개편한 다음, 그것을 기반으로 서양 문물을 적극적으로 배우고 받아들인다. 소위 일본식 산업혁명이다. 적극적이고 능동적인 개항으로 빠르게 근대화한 일본은 쇄국하던 조선을 침략했다. 나라의 문을 연 시점 차이

구로바엔 공원에서 내려다본 나가사키 항. 나가사키 항을 한눈에 볼 수 있는 평화로운 공원이다.

구로바엔

로 두 나라 사이에는 약 50년의 격차가 벌어졌다.

일본의 근대화 초기 개항지는 다섯 곳이다. 북쪽에서부터 하코다테, 니가타, 요코하마, 고베 그리고 가장 남쪽에 나가사키다. 나가사키는 5군데 개항지 중에서도 가장 활발한 교역창구였다. 규슈 남부의 막부였던 사쓰마번薩摩藩은 기질이 본래 개방적이고 진취적이어서 개항이전부터 독자적으로 서양과 교류했다. 그러다 본격적으로 개항이 되자 획기적으로 교역을 확장했고, 서양의 선교사나 상인, 기술자들이 나가사키로 입국해 활동했다.

사쓰마는 자신들에게 이로우면 이방인들도 환대했다. 나가사키는 일본 근대화 초기에 일본문화와 서양문화가 만나는 가장 활발한 교역창구였고, 근대 개항 과정에서 최고의 역동적인 드라마가 펼쳐진 곳이다.

나가사키의 근대문화유산은 전통적 건조물군 보존지구와 산업혁명 유산지로 나뉜다. 전건지구는 개항 이후 서양인들의 거주지나 교회당을 중심으로 아름다운 건축물들이 보존되고 있는 곳인 반면, 산업혁명 문화유산은 조선소나 탄광 등 거칠고 모진 산업의 유산이 남아 있는 곳이다. 이 둘은 서로 얽히고설키며 나가사키의 역사를 그려왔다.

근대사의 변화상을 담은 나가사키 전통적 건조물군 보존지구

나가사키의 전통적 건조물군 보존지구는 크게 남동쪽의 히가시야마테東山手 지역과 남쪽의 미나미야마테南山手 구역으로 나뉜다. 두 구역 모두 개항 당시 유럽인들의 거주지다. 유럽풍의 근대 건물들을 보존하고 있는데, 주로 바다가 내려다보이는 언덕에 위치한다. 언덕으로 오르는 계단골목이 특징인 이 지역은 올란다자카라고 불린다. 네덜란드를 뜻하는 올란다에 비탈을 뜻하는 자카를 붙였다. 네덜란드인들로부터 영향을 많이 받았기 때문에 당시 일본인들은 유럽인이라고 하면 모두 네덜란드인으로 여겼다.

두 구역 중에서도 더 아름다운 풍광은 미나미 지역에 있다. 구로바엔에서 북쪽으로 바다를 향하다 보면 오우라 천주당大浦天主堂을 만난다. 1865년에 지은 오우라 천주당은 일본에서 가장 오래된 목조건물이며 일본의 국보로 지정된 유일한 서양식 건물이다. 26인의 순교자의

오우라 천주당

넋이 봉헌된 교회당이어서 유럽 여행객들의 발길을 잡는 곳이다. 2007년 유네스코 세계문화유산으로 지정되었다.

미나미 지역에서 마주보이는 히가시야마테 지역에도 당시의 서양건물들이 그대로 보존되어 있는데, 그 건물들을 중심으로 펼쳐진 산동네 풍광이 아주 아름답다. 미나미 지역이든 히가시 지역이든, 다리품을 팔며 산동네의 골목 골목을 찾아다니는 맛이 있다.

구로바엔에 얽힌 일본을 움직인 세 사람

나가사키가 펼쳐내는 근대화 드라마의 묘한 실마리가 시작되는 곳은 구로바엔グラバー園. 글로버의 정원이라는 뜻이다. 일본 남부의 아름다운 항구도시의 전경이 한눈에 내려다보이는 최고의 위치에 있다. 나가

구로바 저택 정원 윗편의 미쓰비시 도크 하우스. 본래 항구 근처의 도크에 있던 건물을 해체하여 구로바엔을 정비하면서 현재의 자리로 옮겨왔다. 산업혁명유산 기념관을 겸하고 있다.

사키의 근대 역사가 응축된 곳이기도 하다.

구로바엔의 주인이었던 토마스 블레이크 글로버Thomas Blake Glover(1838–1911)는 영국 출신의 상인이자 기술자였다. 근대 초기 나가사키를 중심으로 일본에서 활동하면서 선박의 제조 및 운항과 증기기관차의 제조, 석탄채굴회사의 자문 등 다방면으로 활약했다. 그는 당시 서양 문물에 관심 있는 사무라이들과 다양한 교류를 가졌다. 특히 메이지 유신을 지향했던 사무라이들은 서양 문물을 도입해 일본화하는 데 열성적이었기 때문에 서양의 상업과 기술전문가인 그의 도움이 절실했다. 당시 글로버가 살았던 저택이 바로 구로바엔의 중턱에 있다.

구로바 저택에는 넓은 정원과 연못이 있고, 정원의 가장 높은 곳에는 전형적인 서양풍의 2층 목조건물이 있다. 당시 미쓰비시 선박회사의 선원들이 배가 정박했을 때 사용하던 숙소인 미쓰비시 도크 하우스다. 본래 항구 근처의 도크에 있던 건물을 해체하여 구로바엔을 정비하면서 현재의 자리로 옮겨왔다. 산업혁명유산 기념관을 겸하고 있다.

미쓰비시三菱 그룹은 메이지 시대 개항 때부터 무역업과 조선업, 철강업 등을 운영해 온 일본 최대의 재벌기업이다. 제2차 세계대전 당시 정부에 전투기를 헌납하여 전범기업이라는 비판을 받았다. 개항 당시 현 미쓰비시의 모태인 미쓰비시 상사를 설립한 사람이 도사번의 하급무사 이와사키 야타로岩崎弥太郎다.

미쓰비시 도크 하우스의 통로 한편에는 초창기 사진기로 찍은 오래된 화질의 실물 크기 사진 한 장이 걸려 있다. 바로 사카모토 료마이다.

메이지 유신의 발판을 만든 정치적 개혁가 사카모토 료마, 메이지 유신을 발판으로 일본 산업화와 경제적 성장을 이룬 이와사키 야타로, 그리고 이들을 지도하고 자문한 서양 상인 블레이크 글로버. 이렇게 구로바엔에는 근대화라는 일본의 새로운 역사를 이루어낸 3개의 중요한 고리가 되어준 3인의 면면이 얽혀 있다.

료마와 야타로는 같은 시기 같은 도사번 출신의 하급 무사로 어릴 때부터 알고 지내던 사이였다. 료마가 뜻을 키우던 청년시기, 야타로는 무너져가는 집안의 천대받던 왕따였다. 그러나 료마가 각 지역의 지사들과 교류하며 해운업을 발전시킬 당시 나가사키에서 만난 야타로는 상업적으로 야심찬 꿈을 꾸고 있었다. 료마는 야타로의 꿈을 격려하며 그를 물심양면으로 도왔다. 료마의 노력으로 일본은 메이지 유신을 이루었고, 메이지로 인하여 야타로는 대기업의 기초를 세웠다. 글로버는 료마와 교류하며 야타로와도 교류했는데, 그 세 사람의 혼이 150년이 지난 지금까지 나가사키의 구로바엔에 모여 있다.

구로바엔은 그들이 직간접적으로 조선에 끼친 영향을 떠올리게 하며 씁쓸함을 감출 수 없는 현장이지만, 그래서 오히려 우리에게 부족했던 것은 무엇인가를 돌아보게 하는 쓰디쓴 반성의 현장이기도 하다.

일본의 산업혁명, 군함도에 기록되다

일본 산업혁명의 유산은 여행이나 관광의 대상이라기보다 과거와 오늘의 우리를 돌아보게 하는 유산들이다.

2015년, 일본은 1850년대부터 1910년대까지의 산업혁명 유산 23곳을 묶어 유네스코로부터 문화유산으로 지정받았다. 주로 근대 초기 조선소와 탄광, 그리고 군함도 등이다. 그중 8곳이 나가사키에 집중되어 있다. 대표적인 것이 미쓰비시 중공업 나가사키 조선소 제3도크와 군함도이다. 미쓰비시 조선소 제3도크는 1905년에 4년간 바다에 접한 산을 깎고 일부를 매립해 만들었다. 길이 222미터, 폭 30미터, 깊이 12미터, 선박건조능력 3만 톤이나 되는 동양 최대의 선박 건조 도크였다.

산업혁명 기념관에서 산업혁명의 유산에 대한 자료들을 둘러보던 중 나는 미쓰비시 조선소 제3도크의 사진을 보고 충격에 입을 다물지 못했다. 1905년에 이미 이런 규모의 선박 건조 도크를 만들다니…, 다른 일정을 접고라도 당장 가봐야겠다는 생각에 검색을 시작했지만 충격의 실체를 만날 수는 없었다. 비공개시설이었다. 그러나 자료관의 동영상을 보며 충격은 더 커져갔다.

군함도! 군칸지마軍艦島!

군함도의 본래 이름은 나가사키 서쪽 끝이라는 의미의 하시마端島다. 메이지 유신 직후 근대적 산업발전의 주요한 화석원료였던 석탄이 해저에 대량 매장되어 있다는 사실이 알려져 무인도였던 하시마 섬이 탄광으로 개발되기 시작한다. 본래의 섬은 3만 제곱미터(약 9000평) 정도의 탄광산이었는데, 석탄 채취를 위한 주거지와 편의시설 등을 짓기 위해 섬 주변을 간척하면서 6만 제곱미터 정도로 2배 커졌다. 간척하면서 섬 둘레에 수직으로 호안제방을 쌓고, 섬 위에 광부들을 위한 주거지가 아파트 형태로 세워지면서 멀리서 보면 한 척의 군함같이 생겨서 속칭 군함도가 되었다.

군함도는 18만 평 넓이의 섬 안에 한때 5000명이 넘는 사람들이 살

군함도

군함도. 군함도를 탐방하는 크루즈는 가까이 근접해서 군함도를 자세히 살펴본 뒤 군함도의 전경을 볼 수 있는 가장 좋은 위치에 머물러 약 10분간 자유로이 촬영할 수 있는 시간을 준다.

았다. 학교와 영화관도 있었다. 인구밀도가 높은 만큼 주거지는 고층의 아파트를 지어 해결했다. 1916년에 7층 높이의 철근콘크리트조 아파트 건물이 군함도에 건설되었다. 미쓰비시는 군함도의 탄광 노동자들이 밤낮없이 캐낸 석탄으로 철강을 제조하고 그 철강으로 배를 만들었다. 군함도는 일본의 조선업과 중공업 발전의 바탕이었다.

군함도는 우리에게는 특별히 아픈 역사로 남아 있다. 1960년대 들어 석유가 등장하자 폐광이 되었는데, 폐광 과정에서 조선인 강제징용의 증거를 없애기 위해 조선인 노동자들을 집단 살해한다. 조선인 강제징용과 살해의 역사적인 현장인 군함도가 일본의 세계유산으로 지정되는 것에 한국인들은 반대했다. 가치판단을 넘어 인류가 살아온 중요 흔적을 유산으로 남기려는 쪽과, 제대로 된 사과 한 번 없이 강제징용과 학살의 현장에 가치를 부여하는 것에 분노할 수밖에 없는 현실이 아직은 실타래처럼 얽혀 있다.

동영상으로 만족하지 못해 크루즈를 타고 찾아간 군함도는 상륙하지는 못했지만 멀리 배 위에서 보는 것만으로도 거대했다. 폐허가 된 채로 고스란히 보존되어 있는 거대한 광경. 70세가 다 되어 보이는 크루즈 가이드는 안내 말미에 엄숙한 표정으로 또랑또랑하게 목소리를 높였다. "군함도는 관광의 대상이 아닙니다. 고통스런 옛 과거의 현장입니다." 조선인 강제징용자뿐만 아니라 일본 노동자들의 피땀도 묻혀 있는 곳이기에 군함도는 그들에게도 의미심장한 과거였다.

나가사키의 밤. 참으로 많은 생각이 들었다. 어떤 이에게는 강제징용과 고통의 유산이요, 누구에겐 근대 산업혁명의 국가적 자부심으로 남은 유산. 군함도에 묻힌 조선인들을 기억해야 하는 고통 위로 일본인들의 자부심이 칼날이 되어 겹겹으로 저며 왔다. 우리가 쇄국정책을 앞세워 아무런 개혁 개방을 해내지 못하던 1900년대 초에 그들은 3만 톤의 배를 만들고 7층짜리 철근콘크리트 아파트를 지었다는 사실은 분노와 부끄러움을 한꺼번에 몰고 왔다.

우리는 왜 스스로 산업혁명을 이룰 기회를 놓치고 식민지로 전락했던 것일까. 일본은 산업혁명을 통해 그토록 많은 부를 쌓았으면서도 왜 제국주의의 길로 들어선 것일까. 물질적 근대화는 정신적 근대화와 왜 괴리되는 것일까. 그 같은 생각의 차이란 무엇이며 어디서 기인하는 것일까. 나가사키는 내게 오래된 것의 아름다움과 함께 역사의 회한과 안타까움과 충격과 의문을 동시에 던지는 곳이었다.

메가네바시 다리

중세 안경다리(메가네바시) 너머의 근대와 오늘

근대문화유산의 도시 나가사키는 중세문화유산으로도 도시의 정취를 살리고 있다. 나가사키의 중심을 관통해 바다로 흘러드는 나카시마가와 강에는 총 18개의 석교군이 도시풍경의 중심축을 이루고 있다. 중세시대인 1634년부터 건설되기 시작한 석교들이다. 도시를 관통하는 약 5킬로미터의 구역에 18개의 석교가 있다는 것은 강의 길이에 비해 상당히 많은 숫자여서 당시 나가사키가 얼마나 번성했는지 추측게 한다. 석교들은 나가사키 주민들의 생활도로이자 여러 사찰로 통하는 참배길이기도 했다.

개항기 일본에 처음으로 들어왔던 외국인 선교사나 상인들은 나카시마가와 강에 놓은 이 석교들을 보고 일본의 품격을 느꼈다고 한다. 석교의 대부분이 상인이나 관리, 개인 사찰 등 개인적 기부로 건설되었다는데, 당시 그것이 가능했다는 것이 쉽게 믿기지 않았다.

18개의 다리는 제1교, 제2교 등으로 번호만 붙여 불리다가 세월이 흐르면서 제각기 이름이 붙여졌다. 제1교는 아미다바시阿弥陀橋 교, 제2교는 고라이바시高麗橋 교, 제3교는 오오이데바시大井手橋 교 등이다. 고라이바시 교는 고려라는 이름을 담고 있어서 우리나라와 무슨 역사적 관련이 있는지 궁금했으나 찾지 못했다. 제10교인 메가네바시眼鏡橋 교 주변에 도자기로 구워 만든 18개의 다리의 이름과 위치를 알리는 지도가 설치되어 있다.

메가네바시 교는 석교들 가운데 가장 먼저 세워진 다리이다. 형태가 독특해서 1960년 국가중요문화재로 지정된 길이 22미터, 폭 4미터의 아치형 돌다리다. 수면에서 약 5미터 띄워진 공간을 두 개의 반원

나가사키 중세의 흔적인 메가네바시 교. 아치형 다리로서 다리를 떠받치고 있는 두 개의 반원이
물에 비치면 두 개의 동그라미가 되어 마치 안경 같아 안경다리라고 이름이 붙었다.

이 다리를 받치고 있다. 이 두 개의 반원이 물에 비치면 두 개의 동그라미가 되는데 그것이 마치 안경 같다 해서 안경다리라는 이름이 붙었다. 중국 당나라에서 건너온 고후쿠지興福寺의 주지 모쿠스 뇨조가 1634년에 세워 400년 가까이 보존되어 오고 있다.

본래 메가네바시 교 자리에는 나무다리가 있었다. 그러나 홍수로 나카시마가와 강이 범람할 때마다 다리가 유실되자 모쿠스가 중국에서 석공을 불러 아치형으로 설치했다고 한다. 당시 중국의 사찰들에는 홍예교虹蜺橋라 불리는 아치형 다리가 있었다.

사실 아치 형태의 구조는 인류가 존재하기 훨씬 전부터 자연의 일부로 존재해 왔다고 한다. 자연스러운 힘의 흐름으로 오랜 세월을 흐르며 조성된 아치형 암석이나 동굴 등은 지금도 더러 볼 수 있지 않은가. 유구한 시간 속에 자연이 가르쳐 준 아치 구조는 효율적일 뿐 아니라 미적으로도 뛰어나다. 현대적 교량이 단순히 기능만을 추구하고 문화적인 아름다움을 잃어가는 것은 아쉬운 일이다.

'남길 수 있는 것은 무엇이든 남기자'는 그들

나가사키도 풍부한 근대문화유산을 가진 도시답게 여전히 노면전차가 다닌다. 100년의 역사를 넘긴 노면전차는 단지 보여주기 위한 유물이 아니다. 버스보다 편리하고 자주 운행되고 있다. 여행객들은 전차가 다가오면 카메라에 담느라 정신이 없다. 나도 나가사키에 머무는 이틀 동안 늘 노면전차를 타고 이동했다.

나카시마가와 강을 따라 놓여진 석교들의 중세적 고풍스러움과 미나미와 히가시의 언덕에 펼쳐지는 근대문화유산들, 항구에 산재한 거대한 산업혁명의 유산 사이로 땡땡거리는 노면전차가 다니는 시간의 교차로 나가사키.

'남길 수 있는 것은 무엇이든 남기자'며 시민들이 함께 했던 문화유산 보존운동으로 나가사키는 시대를 불문하고 동서양을 불문하는 오래된 것의 총 집합소가 되었다. 역사적 흔적과 기록들을 보존하려는 그들의 노력과 태도는 결국 자신들을 먹여 살릴 미래자원으로 도시를 재탄생시켰다.

오래된 것은 왜 아름다운가. 시간이라는 거장의 손길을 거치고, 해와 달과 비바람과 눈보라 그리고 인간의 손길을 거쳐 매무새를 다듬어온 오래된 것들은 언제나 오늘의 우리를 더 넉넉하게 해주는 듯하다. 오늘이라는 시대는 더욱, 오래된 것들을 그리워할 수밖에 없는 시대이다.

100년 이상의 역사를 간직한
나가사키 노면전차.

조선에서 끌려온 도자기 神의 마을

아리타·이마리

有田·伊万里

임진왜란은 도자기전쟁이었다.
일본은 자신들이 만들 수 없었던 조선의 아름다운 도자기들에 넋을 잃었고
조선의 도자기와 도공을 싹쓸이해 갔다.
일본이 백자를 굽기 시작한 것은 당시에 끌려간 조선인 이삼평 덕분이다.
그것은 일본의 역사를 바꾸는 일이었다.
일본은 근대화 과정에서 유럽의 기술을 받아들이기 위한 큰 재원이 필요했는데,
그것을 충당할 수 있게 해준 것이 도자기 수출이었다.
이삼평의 백자 기술이 일본의 도자기 수출을 가능케 해,
결국 일본의 근대화를 이끌어간 셈이다.

바람과 구름만이 스쳐지나는 듯한 이삼평의 추모비 곁은
오래전 조선에서 끌려와 어쩔 수 없이 백토를 찾아 헤매야 했던
그의 한스러움과 쓸쓸함이 배어 있는 듯했다.
도자기축제의 그 시끌벅적한 거리와 너무도 대비되는 그 분위기에
왠지 한동안 압도된 기분이었다.
그가 그러했을 것처럼, 나 또한 이삼평이 만들어낸
아리타의 기적, 일본의 기적을 말없이 내려다보았다.

도자기전쟁으로 끌려간 이삼평, 일본의 역사를 바꾸다

중국 당나라에서 시작된 도자기 기술은 9세기경 고려로 넘어와 고려에서 청자가 생산되기 시작한다. 고려의 도자기 기술은 차츰 고유한 기법과 양식으로 정착되면서 고려만의 세계적인 비색翡色 청자를 완성한다.

15세기 조선시대로 접어들자 고려와는 다른 미감과 정서가 자리잡았다. 유교의 사상적 영향으로 청자의 화려함과는 다른 백자 위주의 담백하면서도 완숙된 미가 도자기문화를 이끈다. 백자가 주도하면서 분청사기가 곁들여진 독자적인 도자기 시대였다.

일본은 15세기까지도 섭씨 1100도 이하에서 굽는 도기 수준을 벗어나지 못하고 있었다. 일본이 백자를 비롯한 도자기를 직접 구울 수 있게 된 것은 17세기에 들어서다. 그 변화를 불러온 것은 16세기 말에 치러진 임진왜란이었다.

임진왜란은 도자기전쟁이었다. 일본이 명나라를 정복하겠다는 명분으로 시작했지만 전쟁이 진행되면서 일본은 결국 도자기전쟁이라 불릴 만큼 조선의 도자기와 도공을 싹쓸이해 갔다. 그들은 자신들이 만들 수 없었던 조선의 아름다운 도자기들에 넋을 잃었다.

일본에서 백자가 구워지기 시작한 것은 임진왜란 직후부터다. 조선인 이삼평 덕분이다. 이 점은 일본인들도 아주 분명하게 인정한다.

조선인 이삼평李參平. 충남 공주 출신의 조선 도공. 일본인들은 '리산뻬이'라 부른다. 사가번의 번주로서 임진왜란에 출병했던 나베시마 나오시게는 일본의 보물이 될 이삼평을 손에 넣고 일본으로 데려갔다.

조선과 같은 백자를 구워내라는 나베시마의 명령에 따라 이삼평은

찾아가는 길

후쿠오카 공항이나 나가사키 공항 모두 괜찮다. 아리타는 역에서 내리면 바로 도자기 거리가 있고, 아리타와 이마리 사이는 한 칸짜리 기차가 다닌다. 이마리 역에서 이마리야키(오카와치야마)는 버스를 타고 15분쯤 들어간다.

아리타 역

백토를 구하기 위해 사가현 일대를 뒤졌다. 이삼평은 결국 아리타 근처의 이즈미야마 산에서 백자토를 발견한다. 1616년, 그는 물 좋은 시라카와白川 강 상류에 가마를 짓고 일본 최초의 질 좋은 백자를 만들었다.

그것은 일본의 역사를 바꾸는 일이었다. 일본은 근대화 과정에서 유럽의 기술을 받아들이기 위한 큰 재원이 필요했는데, 그것을 충당할 수 있게 해준 것이 도자기 수출이었다. 이삼평의 백자 기술이 일본의 도자기 수출을 가능케 해, 결국 근대화를 이끌어간 셈이다.

이후 일본의 가장 질 좋은 도자기는 단연 아리타 자기였다. 아리타 도자기의 총칭을 '아리타야키有田焼'라 불렀는데, 유럽으로 보내는 수출항이 약 12킬로미터 떨어진 이마리였기 때문에 '이마리야키伊万里焼'라고도 한다.

도자기축제에서 만난 이삼평

현재 아리타와 이마리에는 150곳이 넘는 도요와 250곳이 넘는 도자기 상점이 있다. 이삼평의 후예들은 그를 도조陶祖, 즉 도자기의 신으로 모시고 있다. 그를 기리는 도잔 신사陶山神社에서는 매년 5월 4일 도조제를 지내고 이때를 맞추어 아리타 도자기축제를 연다.

아리타 여행은 도자기축제 기간에 맞추었다. 아리타 도자기축제는 엄청난 도자기 시장이다. 아리타 역에서 약 2킬로미터에 걸쳐 길게 펼쳐진 축제 시장은 차량이 통제되고 2차선 도로가 모두 사람들로 메꾸어졌다. 일주일간 200만 명의 방문객이 온다는데, 마침 내가 간 날이 토요일이라 관광객은 족히 50만 명은 될 듯싶었다. 2킬로미터의 거

리 양쪽이 모두 도자기 상점과 좌판으로 빈틈이 없다. 당연히 도자기도 다양했다. 비싸지 않은 자잘한 소품부터 브랜드를 자랑하는 수준 높은 작품까지 다양한 모양과 기법을 구경하는 재미가 있다. 가성비 좋은 작품 몇 개를 손에 넣고 싶었지만 도조가 된 이삼평부터 만나보는 것이 순서였다.

도잔 신사와 이삼평 기념비는 사람들을 헤치고 2킬로미터를 통과한 아리타 역의 정반대편에 있었다. 도잔 신사는 신사를 오르는 계단부터 도자기로 꾸며져 있다. 계단을 올라서니 내 키만한 청화백자분들이 독특한 분위기를 낸다.

매년 5월 4일 도조제를 전후하여 일주일간 아리타 도자기축제가 열린다. 축제 기간 동안에는 아리타 역에서부터 약 2킬로미터에 걸친 2차선 도로의 차량을 통제하고 도자기 시장이 펼쳐진다.

아리타 도자기거리

도잔 신사

"(전략) 이삼평 공은 아리타 도자기의 시조이며 일본 요업계의 대은인이다. 오늘날도 도자기 관련 업종에 종사하는 모든 사람은 이 선인이 남긴 은혜에 진심으로 감사하며 그 공덕을 높이 받들어 존경하고 있다." 일본어와 한국어로 붙어 있는 이삼평에 대한 안내문이다. 한반도에서 문물을 받아들인 역사적 흔적을 숨기기에 급급한 일본이 드러내놓고 이삼평을 인정하는 것이 좀 뜻밖이었다. 도잔 신사의 뒷산에 올랐다.

'도조이삼평비'. 아리타가 한눈에 내려다보이는 전망 트인 언덕배기에 이삼평의 추모비가 우뚝 서 있다. 그런데… 대관절 이 쓸쓸함은 뭘까. 바람과 구름만이 스쳐지나는 듯한 이삼평의 추모비 곁은 오래전 조선에서 끌려와 어쩔 수 없이 백토를 찾아 헤매야 했던 그의 한스러움과 쓸쓸함이 배어 있는 듯했다. 도자기축제의 그 시끌벅적한 거리와 너무도 대비되는 그 분위기에 왠지 한동안 압도된 기분이었다. 그

도잔 신사 뒤편 산언덕의 '도조이삼평비'. 아리타 전체가 한눈에 들어오는 곳에서 홀로 외로이 도자기의 후손들을 내려다보고 있다.

가 그러했을 것처럼, 나 또한 이삼평이 만들어낸 아리타의 기적, 일본의 기적을 말없이 내려다보았다.

도자기를 수출하던 비밀스런 도요지, 이마리의 매력

이마리야키
(오카와치야마)

아리타의 축제판을 벗어나 해가 지기 전에 서둘러 이마리를 다녀와야 했다. 이마리 자기의 주생산지는 아리타였고 이마리는 수출항이었지만 이후 이마리도 이름난 도요촌이 되었다. 이마리는 아리타에서 약 12킬로미터밖에 떨어져 있지 않다. 그 사이를 한 칸짜리 시골전차가 다닌다.

이마리의 도요촌은 크진 않지만 도자기의 질은 아리타보다 더 높게 평가받는다. 도요촌은 나베시마야키鍋島燒나 히요秘窯라고 불리는데, 이삼평을 데려와 일본의 도자기산업을 일으킨 나베시마의 이름을 붙여 나베시마야키라 하기도 하고, 도자기 기술이 새어나가지 않도록 깊은 산골에 비밀스럽게 지어진 도요라 해서 히요라 하기도 한다. 도자기가 본격적으로 생산될 당시 쇼군의 집안이나 다이묘들에게 직접 헌상하는 질 높은 도자기를 별도로 생산하기 위해 마련된 도요촌이다.

이마리야키가 있는 오카와치야마大川內山 산은 이마리 시내에서도 약 10킬로미터 떨어져 있다. 이마리 역에서 두 시간에 한 대씩 있는 버스를 타야 하는 깊은 산골이다. 할머니 한 분과 20분쯤 버스를 타고 들어간 오카와치야마. 버스에서 내리자마자 역시 이마리 도요촌에 들르길 잘했다는 생각이 들었다. 멀리 보이는 오래된 붉은 벽돌 가마의 높은 굴뚝들이 한눈에 도자기 마을의 관록을 느끼게 한다.

오카와치야마 도요촌은 수십 채의 도요로 이루어진 깊은 산속 작은 마을이었다. 마을은 버스가 진입하는 입구 쪽만을 빼고는 삼면을 깎아지른 산들이 에워싸고 있다. 산에는 30미터를 훌쩍 넘어 보이는 삼나무들로 빼곡하다. '왜 이렇게 깊은 산골에 도요를 만들어야만 했

이마리의 도요촌 입구. 마을에 들어서는 다리부터 도자기로 꾸몄다.

을까?' 마을 입구의 안내판이 대답해 주었다. "좋은 도자기가 탄생하는 데 필요한 세 가지의 필수 요소는 흙, 물, 그리고 좋은 땔감이다. 이세 가지를 모두 갖춘 골짜기에 도요촌이 자리잡았다." 이마리는 오카와치야마 산에서 나는 좋은 땔감까지 구비된 곳이었다.

　도요촌답게 마을 입구부터 도자기로 장식되어 있다. 다리의 난간들은 아예 도자 타일로 문양을 넣어 둘러쌓다. 마을의 지도도 도자기로 구워 설치했다. 아리타 도자기축제 기간이라 여행객이 적진 않았지만 요란스럽지 않았다.

　각각의 도요들은 자신의 직판장을 소박하게 꾸며 놓았다. 제각각 특색 있다. 순백자로부터 청자느낌의 백자, 코발트색의 깊은 맛을 살린 청화, 그리고 다갈색의 철회백자 등 다양한 기술의 문양이 펼쳐졌다. 나의 눈높이가 사치스러워지고 있었다. 나는 마음에 드는 도자기 술잔을 발견하면 지름신이 내린다. 이마리에서도 감당하기 힘든 지름

이마리 도요촌의 골목. 오래된 석단길과 고풍스러운 굴뚝 그리고 멀리 거친 산봉우리가 서로 어울려 묵직한 분위기를 낸다.

신이 내려 술잔 몇 개에 적잖은 엔화가 날아갔다. 오히려 아리타의 복잡한 거리에서 충동에 흔들리지 않은 것이 다행이었다. 이마리야키의 도자기들은 하나하나가 작품이라 할 만큼 질이 높았다. 모두가 고유한 자기 브랜드를 자랑한다.

이마리는 골목길의 경관도 품격 있었다. 오르막 골목길 군데군데 아직도 남아 있는 도요의 옛 굴뚝들이 중후하게 시야를 잡아주고, 몇 개의 도자기 갤러리들은 낡은 굴뚝을 교체할 때 나온 붉은 벽돌을 사용해 담벼락마다 독특한 멋을 내고 있었다. 갤러리와 도자기 진열 가게들이 여유 있게 늘어선 골목길은 석단을 깔아 고풍스러웠다. 일본 도자기 여행은 아리타보다 이마리에서 더 만족스러웠다.

일본 도자기의 자부심, 실생활에서 빛난다

　숙소 때문에 다시 돌아온 아리타는 오후 5시가 넘자 파장 분위기였다. 2차선 도로도 다시 차들이 다니고 인파도 사라졌다. 역 앞에서 멀리 바라보이는 거리에는 황량한 바람이 불었다. 썰물처럼 사람들이 밀려간 거리에 저녁 바람이 선선하다. 숙소로 향하다가 문득 이삼평을 다시 만나보고 싶었다. 숙소를 지나쳐 계속 걸었다. 그렇게나 사람들이 붐볐던 길바닥엔 쓰레기 한 점이 없다. 인간적인 느낌이 들지 않을 만큼 일본인들답다.

이마리 도요촌. 마을 안내판도 모두 도자기다.

불이 켜지기 시작한 도잔 신사를 거쳐 다시 찾은 이삼평은 여전히 홀로 아리타의 축제가 끝난 거리를 지켜보고 있었다. 낮의 축제거리에는 큰소리로 웃고 떠드는 한국인들도 꽤 보였었는데, 그들 중 누가 이삼평을 찾았을까.

일본은 식당이든 료칸이든 어디서나 거의 모두 일본 도자기를 사용한다. 어느 관광지를 가더라도 도자기 제품을 파는 가게가 즐비하다. 반면 우리는 식당에서 도자기 그릇을 만나기가 쉽지 않다. 대부분 스테인레스스틸 밥그릇에 찬그릇은 플라스틱류가 대세다. 우리에게 도자기는 공예품으로만 취급되고 실생활의 용기가 되지 못한다. 실

이마리 도요촌 주차장 한편의 공중전화 박스. 소박한 목재의 격자 벽과 출입문에 도자기를 구워 붙였다. 문을 열어보니 출입문 손잡이의 보이지 않는 안쪽도 빠트리지 않고 도자기 문양으로 장식되어 있었다.

생활에 널리 쓰일 수 있는 우리식 도자기 개발이 절실하고, 도자기에 대한 애정과 자부심으로 이를 실생활에 널리 쓰는 생활문화가 확대되어야 한다.

중국과 조선이 세계 도자문화에서 밀려난 사이, 일본의 도자기산업은 현대적 문양과 기법으로 지속적으로 발전해 왔다. 일본음식이 세계화된 데에는 입이 아닌 눈으로도 먹는 음식문화를 발전시킨 것이 한몫 한다. 거기에는 도자기 그릇이 해낸 역할이 크다. 격 있는 도자기에 멋을 부려 올려놓은, 눈으로도 아름답게 먹는 음식문화가 절실하다.

아리타와 이마리는 도자기의 역사가 오랜 경관과 함께 살아 있는 곳이었다. 그곳엔 끌려간 조선 도공의 넋도 함께 있다. 매년 5월 4일은 도조 이삼평의 도조제를 지내는 날이다. 아리타를 찾게 된다면 도자기 문화도 새롭게 느끼고, 아리타 뒷산의 이삼평도 만나고 오자.

도자기축제가 열리고 있는 아
리타의 거리. 매년 5월 초 아
리타를 여행하면 거의 모든
종류의 생활도자기를 구경하
고 싸게 구입할 수도 있다.

자연이 선사한 수천 개의 선물

온천마을들

유노쓰 · 긴잔 · 기노사키 · 히지오리
溫泉津 · 銀山 · 城崎 · 肘折

일본인들에게 전통이란 그들만이 가지고 있던 고유한 그 무엇이 아니라,
고유한 것에 끊임없이 새로운 요소들을
덧붙여나가는 것을 포함하는 개념인 듯하다.
문화란 끊임없이 태어나고 자라고 사멸해가며 변화해가는 것이 아닌가.
과연 어느 시점의 것을 일컬어 '전통'이라 할 것인가.
그렇게 본다면 우리가 살아가는 이 시간도 새로운 문화를 만들며
훗날에 전통으로 남을 무엇인가를 탄생시키고 있는 순간이다.

일본은 온천의 나라이다. 화산활동으로 인한 지하 용암층이 많아 곳곳에서 온천이 분출된다. 일본의 역사기록에는 서기 500년부터 온천을 이용한 기록들이 나온다고 한다. 덕분에 고대 로마의 목욕탕도 일본에서 전해졌다는 〈테르마이 로마이Thermae Romae〉라는 만화도 인기였다.

일본에서 온천이란 단지 목욕을 즐기는 곳을 의미하지 않는다. 최고의 자연환경 속에서 온천욕과 함께 최고의 숙박과 음식을 함께 누리는 총체적인 휴양이다. 일본만의 독특한 숙박시설인 료칸旅館이 그 기능을 담당한다. 일본 여행을 제대로 즐기려면 호텔보다 더 고급스럽게 치는 료칸의 온천탕과 식사, 그리고 료칸의 다다미방에서 포근한 하룻밤을 경험해 봐야 한다.

일본의 온천은 전국적으로 수천 곳에 달한다. 일본온천협회에 등록된 온천만도 2600곳. 아리마有馬, 구사쓰草津, 게로下呂를 3대 명천으로 치고, 아리마有馬, 시라하마白浜, 도고道後를 3대 고천으로 꼽는다.

일본의 온천 역사가 오래지만, 온천탕이나 온천 료칸 등 시설이 대중화된 것은 근대 이후이다. 그 이전에는 귀족층들에 한정되어 이용되었고, 그 외에 사찰의 승려들이나 온천 인근의 사람들만이 노천에서 분출되는 온천물을 치료제로 사용했다는 기록들이 있다.

온천지대에 변화가 생긴 것은 메이지 이후 다이쇼大正(1912~) 시대였다. 전국의 온천지역에 대중을 위한 온천시설들을 갖춘 온천마을이 광범위하게 조성되었다. 오늘날 이름을 날리는 오이타 현의 벳푸나 도쿄 근처의 하코네 같은 곳은 아예 작은 도시 전체가 온천관광지가 되었다. 도고 온천이나 게로 온천, 아리마 온천 등은 규모 있는 온천 료칸이나 온천 호텔이 즐비한 유흥가 역할도 한다. 반면 에도 시대 때부

찾아가는길
유노쓰 온천은 히로시마 공항, 히지오리 온천과 긴잔 온천은 센다이 공항, 기노사키 온천은 오사카 간사이 공항이나 오카야마 공항이 좋다. 히지오리 온천은 신조 역에서, 긴잔 온천은 오이시다 역에서 버스를 타야 한다.

터 있었던 소박한 건물이나 다이쇼 시대의 근대 건축물들이 그대로 보존되어 옛 온천마을의 정취를 살리고 있는 온천마을도 적지 않다.

유노쓰 온천. 공중목욕탕이 발달한 전통적 건조물군 보존지구

유노쓰 온천

시마네島根 현 오다大田 시의 유노쓰溫泉津 온천은 전통적 건조물군 보존지구로 지정된 유서 깊은 온천마을이다. 에도 시대의 건축물과 다이쇼 시대의 근대적 건축물이 많이 남아 있다. 온천수의 효능이 좋고, 휴양을 넘어 치료의 기능을 지켜온 마을이다. 또한 대도시에서 접근이 불편하다 보니 대규모 상업적인 료칸들이 들어서지 않았다. 백제의 기와 굽는 기술이 전해져 시마네 현 고유의 기와로 발전했다는 세키슈石州瓦라는 붉은 기와지붕과 낮고 오래된 건물들이 줄지어 있는 풍경이 멋스럽고 이국적이다.

유노쓰 온천의 개탕開湯은 약 1300년 전. 지나가던 승려가 자연 용출되는 물에 너구리가 몸을 담그고 상처를 치료하고 있는 것을 보고 발견했다는 일화가 있다. 유노쓰 온천은 일본온천협회가 온천수의 효능을 평가하는 각 항목에서 올 A를 받았다. 온천마을은 조용하고 평화롭다. 료칸 건물들도 오래되어 낡긴 했지만 깨끗하고 소박하다. 자체의 탕시설을 갖추고 있는 료칸은 드물고 공중탕 중심이다.

공중목욕탕은 소토유外湯(외탕)라 불린다. 유서 깊은 온천마을의 소토유들은 천년의 역사를 자랑하는 곳도 있다. 공중목욕탕들의 건물들에서는 관록이 느껴진다. 료칸에 딸린 휴식용 온천과는 달리 치료를 목적으로 멀리서 찾아오는 요양객들이 많다. 온천수의 맛이 짜서

교토 북부에 있는 기노사키 온천거리. 각종의 온천탕 순례로 유명하다.
한국인들에게도 많이 알려져 있다.

해수탕처럼 느껴지기도 하는데 염분을 주성분으로 하는 온천으로 외상 치료에 아주 탁월하다고 한다.

유노쓰 온천에서는 1300여 년 전 온천수가 솟았던 자리에 세워진 원탕元湯과, 전국에서 12곳밖에 없고 시마네 현에서는 유일하다는 올A를 받은 약사탕薬師湯이 유명하다. 본래 원탕에서 솟는 온천만 있었는데, 1872년에 발생한 지진 이후 약사탕 자리에 또 하나의 분출구가 생겼다. 지진에 의해서 분출되었다고 해서 진탕震湯이라고 불리기도 했는데, 약효가 좋아 약사여래의 혜택을 입었다고 해서 약사탕이 되었단다.

건물은 1920년에 세워진 목조주택이다. 서양식이 결합된 낭만풍의 건물로, 탕의 기운이 솟아오른다는 의미로 지붕에 독특한 첨탑 모양의 용머리를 올려놓았다. 건물 한편에는 유노쓰 온천의 역사가 전시되어 있고 옥상에는 유럽식 커피숍도 만들어놓았다. 건물양식이 재미있다.

그러나 온천탕에 들어서면 분위기가 오랜 세월 전으로 거슬러오르

는 듯하다. 목조와 타일의 옛 시설 위에 유노하나湯の花가 암갈색으로 뒤덮여 있다. 유노하나란 지상으로 표출된 온천수의 광물질이 식으면서 뭉쳐진 불용성 침전물이다. 욕조의 벽면과 바닥에 두텁게 낀 유노하나는 한눈에 온천의 역사와 효능을 느끼게 한다. 유노하나를 긁어내어 목욕제로 팔기도 한단다. 탕 속에 한 발을 담그는 순간부터 약탕에 들어가는 기분 좋은 느낌이 든다. 노인들이 느긋하게 기대 누워 있다. 온천도 온천을 즐기는 노인들도 깊은 연륜이 느껴진다.

낭만시대를 소환하는 코드, '다이쇼 로망'

일본에선 복고풍의 문화를 주로 '다이쇼 로망大正浪漫'이라 표현한다. 19세기 말의 유럽 낭만주의가 밀려들어온 것이 1920년대. 당시의 연호를 따서 다이쇼 로망이라 부른다.

당시 일본은 청일전쟁과 러일전쟁 두 차례의 전쟁에서 승리하면서 구미 열강과 어깨를 나란히 할 정도로 국력이 강해졌다. 국내의 공업화도 진전되고 대중 미디어도 발전했다. 경제자유화와 함께 문화예술의 영역도 꽃피고, 사상적으로 자유와 개방의 물결이 흘렀다. 약동의 사회분위기 속에 도시를 중심으로 대중문화가 확산됐다.

그런가 하면 다른 한편으로는 도시화와 공업화 속에서 방대한 노동자 계급이 탄생하고, 국내외의 사회 변혁을 요구하는 사회주의 운동의 파도도 일어났다. 지식인들에게는 개인주의적 대중문화의 확산이 불러온 정신적 소외와 허무주의, 이상주의도 함께 존재했다.

다이쇼 시대의 이러한 경향, 즉 생기발랄한 낭만과 함께 어두운 이면조차 총체적으로 복고풍의 시각으로 보면 낭만이었고 사람들을 고혹하는 면이 있다. 이러한 시대에 대한 복고적 경향인 다이쇼 로망은 건축물이나 마을의 경관 분야에서도 많이 쓰이는 표현이다. 1900년대 초기부터 1920년을 전후로 건축된 건축물이나 조성된 거리를 연상케할 때 다이쇼 로망이 흐르는 거리라고 표현한다. 긴잔 온천의 대표적인 광고문구가 바로 '다이쇼 로망이 있는 온천가'이다.

센과 치히로가 행방불명된 마을, 긴잔 온천 속의 다이쇼 로망

긴잔 온천

야마가타 현 긴잔銀山 온천은 유노쓰나 히지오리와는 달리 상당한 규모의 근대 건축물들이 화려하게 그 면모를 자랑하는 곳이다. 근대 일본식 목조 료칸들이 긴잔 천을 중심으로 양편으로 나란히 들어서서 놀랄 만한 위용과 멋을 드러낸다. 주로 1920년대에 들어선 3–4층의 목조 발코니 건축물들이다. 당시로서는 상당히 앞서 나갔던 모던한 양식인데다 규모뿐 아니라 지붕의 격식과 외장, 격자 등 건물의 구성요소들이 제각각 다양하다.

밤의 긴잔 온천은 긴잔 천 양편에 늘어선 료칸 건물들이 연출하는 목조건물 속의 붉은 조명과 강 위에 일정한 간격으로 놓인 목조 다리들, 그 다리마다 설치된 붉은 가스등, 그리고 그 가스등의 불빛을 흔들며 흐르는 물결, 유카타浴衣(목욕가운)를 입은 가족과 커플들이 천변을 거닐며 군데군데서 터져나오는 웃음소리 등이 어우러져 다이쇼 로망의 시대로 돌아간 묘한 분위기를 낸다. 긴잔 온천은 애니메이션 영화 〈센과 치히로의 행방불명千と千尋の神隠し〉 때문에 더 유명해지기도 했

다. 영화에서 치히로가 일했던 목욕탕 건물의 실제 무대가 긴잔 온천이라는 풍문 때문이다.

긴잔 온천은 현재 료칸 소유자들도 흔쾌히 동의한 마을경관보존조례에 의해 보호되고 있다. '건물의 신축, 개축, 수선, 변경을 하려는 자는 마을의 전체적인 경관에 합치되도록 하여야 하며 그 시공 기준은 시장이 정한다'고 명시하고, 민과 관이 함께 이를 지켜내며 역사적 경관을 보존하고 있다.

긴잔 온천. 1920년 다이쇼 시대의 전통적 건축물이 그대로 남아 있다. 밤이면 붉은 가스등이 켜져 거리 전체가 환상적인 무대가 된다.

황새가 상처를 치료하던 기노사키 온천

기노사키 온천

　한국인들에게 여행상품으로도 많이 알려진 효고 현의 기노사키^{城崎} 온천 역시 벚나무가 흐드러지는 아름다운 풍경을 갖고 있다. 황새가 스스로 상처를 치료하는 모습을 본 한 승려가 절^{溫泉寺}을 세우고 천일 기도 끝에 용출했다는 기노사키 온천의 역사는 1300여 년에 이른다. 그러나 1920년대에 지진으로 인한 화재로 마을 전부가 불타 현재의 목조건물들은 당시 새로 지어진 근대 목조건물들이다.

　기노사키 온천은 외탕 중심이다. 7개의 제각각 특색 있는 마을의 공동탕을 돌아다니며 온천욕을 즐기는 외탕순례로 유명하다. 대부분

기노사키 온천거리. 온천 자체도 좋지만 버드나무가 늘어진 마을 산책도 여유롭고 즐겁다.

의 료칸들이 외탕순례를 할 수 있는 입욕권을 제공한다. 그게 한몫을 하는지 온천거리엔 늘 사람이 넘쳐난다.

히지오리 온천, 깊은 산골의 힐링

히지오리 온천

야마가타 현에 있는 히지오리肘折 온천은 지극히 소박한 온천마을이다. 야마카타에서 한 시간을 넘게 달려 신조新庄에 도착해, 다시 버스를 타고 굽이굽이 산길을 돌아 한 시간 넘게 들어가야 하는 그야말로 깊은 산골에 있다. 마을은 산으로 둘러싸인, '히지오리 칼데라'라고 불리는 화산지역이다. 히지오리는 아직도 활화산의 품속에 있다고 한다.

깊은 산골에 걸맞게 마을에 들어서면 정말 쉬는 맛이 난다. 쉬는 맛을 위해 나는 단출한 히지오리에서만 2박3일의 일정을 잡았다. 료칸들이 있긴 했지만 우리로 치면 3류 호텔 정도랄까. 오래된 시설들이 정겹다. 히지오리에는 유서 깊은 대단한 건물이 있는 것도 아니다. 그저 객실에도 욕탕에도 세월의 소박한 때가 묻어 있다. 급수대 주변으로 유노하나가 두텁게 끼어 있다.

히지오리는 온천을 중심으로 조성된 마을이지만 농촌마을이기도 하다. 이틀 내내 먹고 자고 유유히 산책했다. 새벽에는 농산물을 서로 나누는 장이 열렸다. 마침 둘째날 아침 6시에 히지오리의 산나물 페스티벌이 열렸다. 상인회에서 여행객들에게 각종 산채를 넣어 지은 밥을 나눠준다. 우리의 곤드레밥 같은 식이다. 페스티벌이라고 하지만 산골 작은 마을의 소박한 잔치. 잔치에 참석해 동네 사람들과 간단히 아침

▲ 히지오리 온천마을의 마을 풍경. 온천마을이면서도 여느 소박한 시골마을의 정취를 함께 품고 있다.

◀ 히지오리 온천마을의 소박한 아침시장. 히지오리의 농산품을 판다. 마을 주민도 온천관광객도 모두 고객이다.

을 먹으며 잠시 어울리고 나니 나도 그냥 그 마을 사람이 된 듯하다.

온천수가 최초로 분출되었다는 마을 뒤편의 용출구를 찾아갔다. 개탕은 다이도大同 2년, 즉 807년이라고 적혀 있다. 둥근 화강석으로 온천원수 용출구를 만들어 오랜 역사를 증명해 놓았다. 끊임없이 솟구치는 온천수의 온도계가 섭씨 89도를 가리킨다. 마을에서 자율적으로 공동 관리한다는 안내문이 붙어 있다.

외지고 깊은 산속에서 마을 사람들 스스로 자신들의 오랜 자부심인 온천을 관리하며 살아가는 정겨운 시골마을 히지오리. 오랜 세월을 지켜온 소박하면서도 원숙한 마을 분위기가 온몸과 정신을 지긋이 풀어주어 2박3일의 일정도 짧게 느껴졌다.

온천 여행길에서도 그것이 무엇이든 제 것으로 만들고 지켜 역사로 남기는 일본인의 특성이 느껴져 여러 가지를 생각하게 한다. 그들에게 전통이란 그들만이 가지고 있던 고유한 그 무엇이 아니라, 고유한 것에 끊임없이 새로운 요소들을 덧붙여나가는 것을 포함하는 개념인 듯하다. 문화란 끊임없이 태어나고 자라고 사멸해가며 변화해가는 것이 아닌가. 과연 어느 시점의 것을 일컬어 '전통'이라 할 것인가. 그렇게 본다면 우리가 살아가는 이 시간도 새로운 문화를 만들며 훗날에 전통으로 남을 무엇인가를 탄생시키고 있는 순간이다. 오늘 우리가 무엇을 지키고 또 무엇을 만들고 있는가에 대한 자각과 각성이 더욱 절실해진다.

제 6 장

걷고 싶은 거리는 강하다

야마가타·후쿠시마 | 나가노 | 나라 | 지유가오카

도로의 새로운 개념, 커뮤니티 도로

야마가타·후쿠시마

山形·福島

커뮤니티 도로 혹은 보행자 우선도로는
단지 차량 중심이냐 사람 중심이냐 하는 도로의 기능 문제가 아니다.
물질 중심이냐 정신 중심이냐,
경제 우선의 사고인가 문화 우선의 사고인가의 문제이다.
사람이 중심이 되고 사람이 모이면 문화가 살아난다.
문화가 살아나면 경제도 살아난다.

'커뮤니티 도로'란 도로가 마을공동체에 기여하는 공간임을 강조한다.

물질과 속도 경쟁에서 인간으로의 회귀,
그 중심에 길이 있다

찾아가는 길
야마가타나 후쿠시마 모두 센다이 공항을 이용한다. 공항에서 각각 열차로 이동한다.

"나는 이해할 수 없어요. 도시에 사는 언니는 여기보다 훨씬 편리한 생활을 한대요. 옷은 상점에서 돈만 주면 살 수 있고, 전화기가 있어서 집에서도 다른 사람과 대화하고, 자동차가 있어서 금방 일을 본대요. 그런데 그렇게 빠르고 시간을 절약해주는 물건들이 있으면서도 집에 올 시간도 없다 하고 내가 언니를 만나러 가겠다고 해도 시간이 없대요."

헬레나 노르베르 호지Helena Norberg Hodge의 《오래된 미래, 라다크로부터 배우다Ancient Futures-Learning from Ladakh》를 읽고 참 많은 생각에 잠겼었다. 인도 북부 히말라야 산맥의 티베트인들이 사는 라다크에 서구문명이 유입되면서 전통적 문화와 가치관이 붕괴되는 과정을 적나라하게 그린 책이다. 옷은 만들어 입어야 하고, 몇 시간을 걸어야만 이웃마을의 친구를 만날 수 있는 산골의 동생은 한 번도 경험해보지 않은 산업화된 도시에 사는 언니를 이해할 수 없다.

산업화 과정에서 우리는 많은 것을 잃었다. 물론 얻은 것도 많다. 그러나 물질적 성장과 속도를 앞세우느라 인간적인 것들의 가치는 외면되어왔다. 도시화가 확장되고 심화되면서 도로라는 공적 공간은 속도를 앞세운 차를 중심으로 존재했다. 거대도시의 상징은 엄청난 교통량을 소화할 수 있는 넓은 도로였다. 도로는 차도를 의미했고, 사람들은 좁은 인도로 밀려났다.

골목길이나 거리, 가로街路라는 말과 그 의미는 축소되고 도로라는 야마가타 시 나누카마치 일번가 커뮤니티 도로. 도로의 콘셉트는 '사람에게 친근한 도로', '야마가타의 자연을 닮은 도로'다.

나누카마치 일번가 시작 지점

표현이 주류가 되었다. 도로는 차량의 통행을 중시하는 개념이다. 반면 골목길이나 거리, 가로는 인간을 중심으로 한 공적 공간의 개념이다. 사람들이 만나고 산책하고 놀며 모임도 이루어지는 공간. 그런데 그런 공적 공간은 사라져 온 것이 근대화의 과정이었다. 특히나 차량의 통행이 주요기능인 간선도로를 제외하고라도 주택이나 작은 상가들이 밀집한 지선도로나 이면도로는 다시 보행자를 위해, 인간을 위해 돌려줄 필요가 제기되고 있다.

본엘프, 생활의 터전을 바라보는 시선

그런 흐름 속에서 '거리'를 사람들이 만나고 소통하는 공적 공간으로 다시 이해하고자 하는 노력이 1970년대 중반 네덜란드에서 시작됐다. '본엘프Woonerf'라 부르는 보행자 우선도로 또는 보차 혼용도로이다. 델프트Delft 시의 주민들에 의해 처음으로 시도되었다.

본엘프라는 말은 생활woon의 터전erf이라는 뜻이다. 보행자와 주행차량 및 주차차량이 뒤섞여 걷는 데 불편을 겪던 주민들은 행정관청에 대책을 호소했지만, 차량의 통행을 막기 어려웠던 관에서는 마땅한 대안을 찾지 못하고 있었다. 주민들은 전문가들과 협의하여 거리를 사람을 위한 공적 공간으로 되돌려 놓기로 했다. 그러나 마을의 진출입로이기도 하고 상업가였기 때문에 차량의 통행을 모두 막을 수는 없었다. 주민과 전문가들의 결론은 차량의 속도를 줄여 인간과 차량이 공존하게 한다는 것이었다. 공존하되, 소규모 도로에서 보행자와 차량 사이의 간섭과 위험 문제가 발생할 때 보행자를 더 우선시한다는 원칙을 세운 것이 보행자 우선도로이다. 차량 위주의 도로에서 사람을 위한 공간으로 도로의 개념을 바꾸어낸 것이다.

네덜란드는 본엘프를 확대하기 위해 본엘프 추진위원회를 만들었

네덜란드의 본엘프 도로의 한 사례.

다. '차량은 보행자를 방해하지 않는 범위에서 통행할 수 있다', '차량은 보행자의 횡단을 고려하는 속도 이내로 주행하여야 한다'는 등의 원칙이 정비되었다. 이후 영국이나 미국, 독일 등에서 차량의 주행 속도를 30킬로미터 이하로 제한하는 구역들이 정비되었고, 일본에서는 나아가 커뮤니티 도로Community Road(공동체 도로)라는 인문학적 개념으로 정립되었다.

커뮤니티 도로란 도로가 마을공동체에 기여하는 공간임을 뜻하는 훌륭한 조어造語다. 마을만들기라는 맥락에서 만들어진 것으로 보인다. 마을만들기가 본격적으로 확장되던 1981년경 본엘프의 개념을 받아들인 일본 주민들은 오사카 시 나가이케초長池町를 시작으로 커뮤니티 도로를 마을만들기의 일환으로 삼아 전국에 확대하였다.

보행자 우선도로 혹은 커뮤니티 도로의 원칙은 크게 두 가지다. 먼저, 보행자 우선 원칙이다. 보행자가 자유롭게 통행할 수 있는 공간일 뿐 아니라 차도를 건널 때도 보행자가 우선이다. 두 번째로는 차량의 속도 제한이다. 상한속도를 지정하고, 아예 차량이 속도를 내지 못하도록 차도를 지그재그로 구성한다든지 차도 바닥을 군데군데 석재로 울퉁불퉁하게 설계하고 시공하는 방식이다. 우리는 거의 일률적으로 소위 방지턱을 사용하지만, 노랑과 검정으로 짙게 그려진 방지턱은 아름답지 못하다. 우리나라에서는 아직 그 개념이 하나로 통일되

보행자 도로 사례의 개념도.

어 있지 않다. 굳이 직역하면 '생활가로生活街路'쯤으로 사용할 수 있겠다. 행정에서는 '도로 다이어트 사업'이라고도 부른다. 미국에서는 '리빙 스트리트living street', 일본에서는 거의 통일적으로 '커뮤니티 도로'라 부르고 있다.

타임스퀘어, 우주의 중심을 걷는 사람들

뉴욕의 중심부 맨해튼에 있는 타임스퀘어Times Square는 연간 4000만 명의 관광객이 찾는 세계적인 거리다. 위키백과는 타임스퀘어를 "세계에서 가장 붐비는 보행자용 거리 중 한 곳이며 세계 엔터테인먼트 산업의 중심지로서 '세계의 교차로', '불야성의 거리', 심지어는 '우주의 중심'이라고까지 불린다"고 밝히고 있다.

우주의 중심으로까지 불리는 보행자용 거리가 태어난 것은 불과 11년 전인 2008년이다. 맨해튼 브로드웨이 42번가에서 34번가까지의 왕복 10차선 도로구간 중 중간의 4개 차선을 줄여 보행자 전용도로로 바꿔놓은 것이다. 타임스퀘어는 곳곳에 꽃과 나무와 벤치가 있는 쾌적한 보행자 도로가 되어 맨해튼의 새로운 명물로 자리잡았다.

19세기 말 타임스퀘어는 마차가 붐비던 곳이었다. 연극 및 오페라 극장들이 들어서면서 브로드웨이는 공연문화거리가 되었다. 그러자 인근에 술집과 음식점이 늘어났고 당연히 교통량이 폭발적으로 증가했다. 간선도로는 차량으로 뒤범벅이 되었던 반면, 뒷골목은 성인용품점, 성인영화관, 스트립쇼 공연장 등이 들어서 범죄의 소굴이 되기까지 했다.

'세계의 교차로', '불야성의 거리', 심지어는 '우주의 중심'이라고까지 불리는 뉴욕 맨해튼의 타임스퀘어. 10차선 도로 중 거의 반 정도가 보행자 공간이다.

그랬던 거리가 상점들을 재정비하고 보행자 전용공간을 만들면서 사람들을 폭발적으로 유인했고, 동시에 다양한 문화공연을 펼치게 했다. 젊고 밝은 문화적 분위기가 번져가자 은밀함을 필요로 했던 뒷골목 유흥가들은 슬금슬금 사라져갔다. 타임스퀘어는 뒷골목까지도 밝고 싱싱해졌다.

세계의 한 중심 역할을 하며 문화가 살아 있는 거리. 인간의 자유가 무한히 발휘되는 공간. 변화된 타임스퀘어는 사진으로만 봐도 우주의 중심이라는 말이 실감나는 듯했다.

보행자 전용거리는 단지 차량 중심이냐 사람 중심이냐 하는 도로의 기능 문제가 아니다. 물질 중심이냐 정신 중심이냐의 문제이고, 경제 우선의 사고인가 문화 우선의 사고인가의 문제이다. 사람이 중심이 되고 사람이 모이면 문화가 살아난다. 문화가 살아나면 경제도 살아난다.

걷게 하면 사람이 모인다

차량의 통행을 금지하거나 제한해 보행자 거리로 만들 경우 과연 상가의 활력이 살아날 것인가, 반대로 감소할 것인가에 대해서는 지금도 다양한 논란이 있다. 상인들은 일단 반대하는 경향이 있다. 차량이 상점 바로 앞까지 접근하지 못하면 매출이 떨어질 것이라는 걱정 때문이다. 특히 우리나라처럼 소비자가 상점의 코 앞까지 차로 가기를 원하는 심리가 강한 경우에는 당연한 생각일지 모른다. 그러나 보행자 거리를 만들어 상가가 활성화된 사례는 적지 않다.

서울의 인사동 거리는 그 대표적인 곳으로 나름 명성을 얻었다. 편안한 마음으로 볼거리 많은 거리를 마음껏 활보하고 쉴 수도 있다면 그보다 더 좋은 쇼핑의 조건은 없을 것이다. 뿐만 아니라 차 없는 거리에선 크고 작은 아마추어 문화인들의 공연도 펼쳐진다. 쇼핑과 휴식과 문화 체험. 이제 문화적인 도시의 중심가는 보행자 중심으로 바뀌어가고 있다. 보행자를 위한 도로의 상업적인 효과가 당장 나타나는 것은 아니다. 초반에는 유동인구가 줄고 매출이 줄어들기도 한다. 그러나 소비자들이 점차 자유로운 거리 공간에 흥미를 가지게 되면 순식간에 매출곡선이 달라질 수 있다.

자동차를 위한 거리의 경우 자동차가 늘면 이내 공간의 한계에 이르지만, 보행자의 거리로 바뀌면 당장 통행량은 줄어도 궁극적으로 공간의 효율은 확장된다. 특히 사람들의 보행이 많고 아기자기한 상점들이 모인 지선도로나 이면도로에서는 시도해 볼 만한 일이다.

커뮤니티 도로를 위해 청년들이 뭉쳤다.
야마가타 시 나누카마치 일번가

　야마가타 시의 나누카마치七日町 일번가는 에도 시대 때 교통의 요지로 번화했던 곳이다. 그러나 근처에 새롭게 간선도로가 개설되고 신흥 번화가들이 생기면서 상가가 쇠락하고 옛 명성이 사라져 가고 있었다. 일번가의 상인들 가운데 특히 청년층들은 큰 길의 상가보다 훨씬 역사도 깊고 매력 있는 일번가가 쇠락해 가는 것을 방치할 수 없었다. 그들은 일번가를 다시 부흥시키기 위해 청년조직을 결성하고 시에 협조를 요청했다. 청년조직은 판촉을 담당한 '번영 클럽'과 환경 정비를 담당한 '마치나미 클럽' 등이었다.

　야마가타 시 또한 명성 있는 일번가의 쇠락을 안타까워 하며 뒷골목 상가의 개성을 살려 일번가 일대에 커뮤니티 도로를 만들기로 주

나누카마치 도로에 설치된 식수대. 식수대에서 솟아나는 물은 야마가타의 생명수인 마미가사키가와 강의 물을 상징한다.

ナヌカマチ 도로 근처의 고덴제키. 옛 농업용수로를 그대로 보존하여 상업가의 거리경관에 이용했다.

水の町屋
七日町御殿堰

いつもの場所
Cafe & Restaurant

特撰 ㊣ 呉服
結城屋 結城屋

茶 茶
淵岩 淵岩

米沢織 米沢織
布四季庵 布四季庵

そば処
庄司屋

Yamagata Yamagata

Classic Café Classic Café

御殿堰 (ご てん ぜき) gotenzeki

「御殿堰」は「山形五堰」の一つで、中心街を網の目のように流れている農業
用堰です。寛永元年（1624年）当時の山形城主鳥居忠政公が、城濠への水の供
給と生活用水・農業用水の確保の為、築造したとされています。山形城の城濠
に流入する堰であった事から「御殿堰」と名付けられ、城下の形成にも深く関
係し、山形市の歴史的財産となっています。現在も市街地を流れる清流は市民
に憩いと安らぎを与え、下流域の農地には貴重な農業用水として重要な役割を
担っております。この親水空間は、山形らしい町並みと景観を再現し、生活に
潤いをもたらす昔ながらの石積水路として復元されました。

平成22年4月

민들과 합의했다. 일번가는 에도 시대의 번화가에서 현대적인 커뮤니티 도로로 다시 태어났다.

나누카마치 일번가 커뮤니티 도로의 기본 콘셉트는 '사람에게 친근한 도로'와 '야마가타의 자연을 닮은 도로'였다. 거리의 일부를 일방통행로로 만들어 보행자 공간을 늘리고, 차도는 자연스러운 곡선으로 야마가타 시를 대표하는 하천 마미가사키가와 강의 흐름을 표현했다. 보도는 채색 벽돌로 야마가타 시를 상징하는 홍화꽃을 그려넣었다. 도로 곳곳 식수대에서 솟아나는 물을 마치 마미가사키가와 강의 모양을 한 수로의 원천인 것처럼 보이게 했다. 보도의 군데군데 일 년 열두 달을 상징하는 광섬유 별자리판도 설치해 밤이면 아이들이 부모의 손을 잡고 열두 개 별자리를 찾아다니는 재미도 느끼게 했다.

이 같은 시설들이 보다 흡입력을 가질 수 있게 한 것은 다양한 공연과 이벤트들이었다. '옛거리 회복', '지역의 자존심', '번영 창출' 등을 슬로건으로 내걸고, 재미있는 모양의 자전거를 이용한 차링코 축제, 가로등을 부귀와 장수, 풍년과 학문 등을 상징하는 칠석t夕으로 장식하는 칠석제, 여름이면 커뮤니티 도로의 여유 공간에서 벌이는 '비어 가든', 그리고 '벼룩시장'과 '스트리트 옥션street auction', 야마가타에 사는 외국인들이 직접 선보이는 외국인 향토요리 축제, 1미터 지름의 넓은 솥에 음식을 해서 나눠먹는 '일번가 냄비요리' 등 축제는 다양했다. 또 야마가타의 아마추어 예술인들의 공연도 빠지지 않는다. 나누카마치의 상인들은 "우리는 시민 여러분과 함께 지역의 부흥과 야마가타의 자존심을 위해 날마다 분투 중입니다. 함께해 주십시오"라고 외치고 있다.

입과 눈과 마음이 즐거워지는 거리. 그것이 커뮤니티 도로이다. 함께 소통하고 함께 그 마을의 자존심을 세우는 공간이 있다는 것은 마을의 으뜸가는 자랑거리가 아닐 수 없다. 나누카마치 일번가는 1996년 국토교통성이 주민과 지자체가 함께 만드는 아름다운 경관에 수여하는 '스스로 만드는 지역경관상'을 수상했다.

조각의 거리, 후쿠시마 빠세오470

빠세오470 시작 지점

야마가타와 바로 이웃해 있는 후쿠시마 시에도 '스스로 만드는 지역경관상'을 수상한 커뮤니티 도로가 있어 함께 둘러보면 좋다. 후쿠시마 모토마치와 반세이초을 연결하는 도로다. '빠세오470'으로 불린다. 빠세오paseo란 스페인어로 산책이라는 뜻이다. 화강암으로 바닥을 깔고 차도를 완만한 곡선으로 만들었다. 인도의 벤치와 가로수, 예술 조각품 등이 마치 산책하는 길 같다고 해서 부르게 된 총길이 470미터의 도로다.

빠세오470은 상가거리였다. 좁은 길을 거의 차도가 차지하고 인도가 좁아 보행이 위험한 지역이었다. 커뮤니티 도로를 구상하면서 인도를 넓히고 차도는 일방통행으로 구불구불 휘어돌게 했다. 기본 콘셉트를 '햇빛과 바람이 흐르는 거리'로 정하고, 차도 바닥을 석재로 울퉁불퉁하게 꾸몄다.

빠세오470의 두드러진 특징은 곳곳에 설치된 조각품들이다. 지역 미술작가들의 재능기부를 포함해 대부분의 조각품들은 따뜻한 인간애를 주제로 이루어졌다. 거리의 풍경을 완성시키는 것은 다양한 스트리트퍼니처들이다. 조각품은 아주 고급스런 스트리트퍼니처에 해당

▲ 후쿠시마 모토마치와 반세이초를 연결하는 도로인 '빠세오470'. 빠세오란 스페인어로 산책이라는 뜻이다. 화강암으로 바닥을 깔고 차도를 완만한 곡선으로 만들었다. 빠세오470의 특징은 보행 구간 곳곳에 예술조각품과 벤치 등 스트리트퍼니처를 다양하게 설치했다는 데 있다.

◀ 예술조각품과 벤치, 수목 등이 어우러진 빠세오470.

한다. 조각품이 거리 곳곳에 서 있다는 것은 거리가 미술관이 되어 주민들은 늘 문화예술과 함께 호흡하고 사색하게 해준다. 홋카이도 하코다테의 거리에서 누군가 조각품 '하코다테의 요정'에게 목도리를 벗어 감싸준 모습을 본 적이 있다. 조각품이 훈훈한 사람들의 마음까지 전하고 있었다.

보행자 공간의 미술조각품들 아래 앉아 사람들이 이야기를 나누는 모습은 거리 전체를 커다란 카페처럼 느끼게도 한다. 걷고 싶은 길에 사람이 모인다. 이제 더 이상 차량이 붐비는 거리가 경쟁력을 말하지 않는다. 사람이 모이고 문화가 살아있는 거리에 경쟁력이 있다.

자랑스런 참배길

나가노 추오토오리

長野

자동차가 달리기 좋은 도시 속의 넓은 차도는
인간을 위해서도 경제를 위해서도
바람직하지 않다는 반성이 시작된 지 오래다.
차를 타고 빠르게 통과해 버리기보다는
걷고 웃고 떠들며 쉬는 거리.
살아가는 일의 아름다움을 담은 그 길이
나가노라는 도시도 살리고 사람들도 살려냈다.

일생에 한 번은 젠코지에 참배하라

찾아가는 길

고마쓰 공항이나 도쿄의 나리타 공항을 이용해서 나가노 역으로 이동한다.

나가노는 1998년 아시아에서 처음으로 동계올림픽이 열린 곳이다. 대부분의 지역이 눈이 많은 산간지역으로 올림픽을 치르며 한 차원 더 발전했다.

추오토오리中央通り는 나가노 역에서 젠코지善光寺라는 절에 이르는 약 2킬로미터의 직선대로다. 젠코지에 이르는 오모테산도表参道의 역할을 한다. 산도参道란 큰 절이나 신사로 가는 참배길을 말하는데, 오모테산도는 그중에서도 대표적인 참배길을 뜻한다. 도쿄 메이지 궁에 이르는 길도 유명한 오모테산도이다.

일주문이 보이는 젠코지 입구.

나가노 추오토오리

젠코지

젠코지는 종파를 초월한 유명한 절이다. 거대한 규모의 젠코지는 백제로부터 불교가 전해질 당시 제작된 일광삼존아미타여래라는, 일본에서 가장 오래된 불상을 본존으로 모신 절로 유명하다. 불상이 영험하여 평상시에는 따로 보존해 두다가 몇 년에 한 번씩 엄숙한 절차를 통해 일반에 공개한다고 한다. 에도 시대 때부터 "일생에 한 번은 젠코지에 참배하라"는 말이 있을 정도다.

2015년 5월 추오토오리에서 400명의 무용수가 요사코이 춤을 추는 '나가노 젠코지 요사코이'라는 축제가 있었다. '부싯돌切り火'이라는 곡에 맞추어 추는 거대한 춤의 물결이었다. "자~ 자~ 갑시다~ 극락으로"라는 묵직한 가사에 무용수들이 선녀처럼 움직였다. 요사코이よさこい는 손님을 맞이하는 축제를 뜻하고, '부싯돌'이라는 곡은 젠코지를 참배한 옛사람의 마음을 노래한 곡으로서 길을 떠나는 사람에게 불을 밝혀 배웅한다는 뜻이다.

젠코지 가는 길은 축제처럼 열렸다

젠코지에서 축제가 열리던 즈음, 추오토오리에는 보행자 도로가 확장되고 도로 바닥을 돌로 까는 사업이 완료됐다. 젠코지로 가는 추오토오리를 걷고 싶은 길로 만드는 사업이었다. 공사는 총 사업비 7억 6000만 엔을 들여 2011년도부터 4년간에 걸쳐 진행되었다.

아스팔트였던 차도의 폭을 좁혀 화강암으로 깔고, 좌우 보도의 폭을 넓혀서 여유롭게 걷도록 하며 벤치 등을 놓아 휴식공간이 되도록 했다. 대형 도로표지판들은 제거했다. 멀리 젠코지를 조망할 수 있도록 경관을 틔우기 위해서다. 차도를 좁혀 교통량을 억제하는 대신 대중교통을 보다 활발하게 이용하도록 유도했다. 젠코지 참배길이라는 이미지에 맞게 길가의 비석을 비추는 조명에도 신경을 썼다. 넓혀진 보행자 공간에서는 당연히 문화행사들도 펼쳐진다. 개장식을 앞둔 맑은 하늘 아래 쇼핑을 나온 한 여성이 기뻐한다. "너무 예뻐요. 천천히 걷고 싶어요."

아름다운 참배길이 죽어간다. 사람들을 걷게 하라

늘 참배객이 많은 젠코지로 가는 길이 언제나 걷고 싶은 길, 축제 같은 길은 아니었다.

고도성장 이전 시대, 사람들은 대부분 나가노 역에 내려 젠코지까지 쉬엄쉬엄 걸었다. 그런데 승용차가 늘더니 특히나 나가노 올림픽을 치르며 나가노 역에서 젠코지까지 이르는 참배길은 차도의 기능으로 바뀌어갔다. 참배길은 마음을 정갈히 하며 걷는 길인데 차로 쌩 통과해 버리는 길로 바뀌어버린 것이다.

문제는 참배 문화가 달라진 것을 넘어, 추오토오리 상가들의 변화였다. 나가노 역에서 젠코지에 이르는 2킬로미터의 참배길을 사람들이 걸어가던 시절에는 길가의 상가들이 골고루 성업을 누렸다면, 차도로 정비되어 교통이 좋아지자 추오토오리의 중간부분 상가들은 쇠락해갔다. 나가노 역 주변, 그리고 젠코지 바로 아래 사하촌만이 사람들로 붐볐다. 그 사이 구간은 차량이 통과해 버리기 때문이다. 결국 사

나가노 역에서 젠코지 방향으로 500미터 지점. 점점 차도가 좁아지고 보행자 도로가 넓어진다. 바닥은 평평한 석재타일이다.

람은 늘어났으나 참배길의 전체 매출은 줄고 말았다.

추오토오리를 살려내자고 제안한 것은 주민들이었다. 1998년 나가노 동계올림픽 준비를 시작으로 중심가는 차량 중심의 도시화가 심화되고 외곽에 대형 쇼핑몰들이 새로 들어섰는데, 올림픽이 끝나고 중심지 상가들의 쇠퇴가 심해지자 추오토오리의 위기감도 높아진 것이다. 주민들은 대안을 찾기 위해 연구회를 만들었다. 변화의 시발점이었다.

꽤 오랜 기간의 연구 결과, 주민들은 차 중심의 도로에서 사람을 유인하기 위한 뭔가의 개선이 있어야 한다는 결론을 내리고 행정 측에 함께 논의할 것을 요청했고, 그들이 동참하기 시작했다. 시청 또한 이미 '보행자 우선화'와 '개인 차량의 감소', '대중교통 개선' 등이 필요하다는 것을 절실히 느끼고 있던 참이었다.

그러나 주민들도 행정 측도 곧바로 뭔가를 결정하기에는 벅찼다. 폭 18미터에 이르는 일본 동북부의 대표적인 오모테산도이자 나가노의 대표적인 중심거리이기 때문에 반대의견이나 의외의 변수에 신중해야 했다. 드디어 주민들과 시에서는 추오토오리의 장래 대안을 결정하기 위한 사회적 실험에 들어갔다.

축제를 통한 긴 실험

사회적 실험은 2005년부터 약 4년간 총 일곱 차례에 걸쳐 진행됐다. 대표적인 실험은 '젠코지하나카이로善光寺花回廊' 축제였다. 차량을 통제하고 차도 위에서 펼친 대규모 꽃정원 행사다. 버스나 택시 등 대중교통만을 통행시키며 차도에 꽃정원을 설치하였고 보행은 자유롭게 해서 노천 카페를 즐길 수 있게 했다. 행사는 주기적으로 시도됐다.

일곱 차례의 실험 결과, 추오토오리는 보행자가 늘었다. 주변 도로를 이용하여 차량으로 접근한 소비자들도 늘었다. 약 80%의 이용자들이 보행자 우선도로가 긍정적이라 답했다. 횟수를 거듭하며 상인뿐 아니라 시민들의 이해와 공감도 높아졌다.

이에 지역 대표를 비롯한 상공인, 공공교통 관련 행정기관, 건설 관계자 그리고 건축과 도시계획 전문가가 참여하는 '오모테산도를 사랑하는 계획책정위원회'가 구성되었다. 기본 콘셉트는 오모테산도로서의 역사성을 가지면서도 상업적 생활도로로 되살리는 것이었다. 보행

본격적인 참배도로 진입 구
간. 옛 석등이 보존되어 있
고, 바닥은 화강석으로 바뀌
어간다.

자 공간의 확대, 도로 포장제의 개선, 휴게시설과 조형물 설치를 통한 문화적 거리로의 변모, 도로와 차도의 유연성 유지 등이 검토되었다.

9미터의 차도는 6미터로 줄였다. 4–5미터였던 양편의 보행자 구간은 6미터씩으로 늘렸다. 도로 포장은 오모테산도의 느낌을 살려 화강석으로 개성 있게 디자인했다. 차도와 인도는 높이와 재질에 연속성을 두되 이동식 볼라드bollard(차도와 인도 경계면에 세워둔 구조물)를 설치해 구분성과 유연성을 동시에 주었다. 나가노 역에서 가깝지 않은 길이므로 군데군데 벤치를 두어 쉬엄쉬엄 걸을 수 있도록 배려했다. 걷는 것이 지루하지 않도록 적절히 조형물을 설치했다. 젠코지를 보러 가는 길이므로 원거리 경관을 막지 않되 적절히 나무그늘을 만들었다. 조명

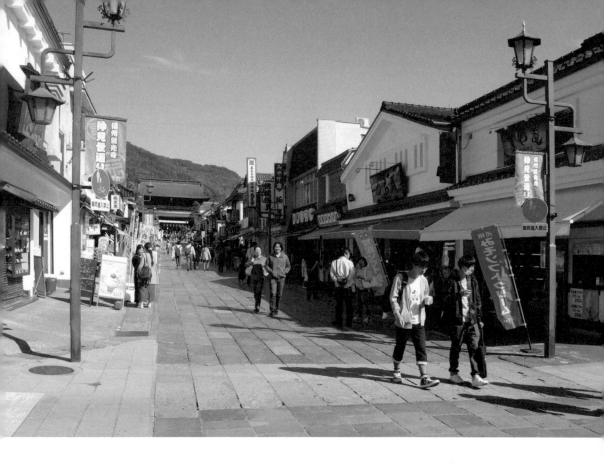

을 전통거리에 맞게 디자인하고, 군데군데 설치되어 있는 기념비 바닥
에도 상방조명등을 설치했다.

멀리 젠코지의 일주문이 보
이는 사하촌 구간. 차량 통
행이 억제되고 보행자 전용
구간으로 변했다.

길 위의 스토리. 다시 살아난 추오토오리

　동료들과 함께 오부세를 가기 위해 나가노를 경유한 것이 2013년 10
월이었고, 혼자 오부세를 다시 찾으며 나가노를 들른 것이 2017년이
었다. 추오토오리는 그 사이에 완전히 정비되었다. 2017년 여행은 시
간과 일정이 자유로워 나가노의 추오토오리를 자세히 살펴볼 수 있

었다.

숙소에 짐을 풀어놓고 나가노 역에서부터 찬찬히 살펴보기 시작한 추오토오리는 흥미로웠다. 하나의 단순한 콘셉트가 아니라 나가노 역의 현대적 분위기로부터 젠코지의 역사적 분위기로 이어지는 시대 전환이 변화 있게 느껴졌다.

나가노 역에서부터 젠코지를 향해 걷는 동안 총 2킬로미터에 이르는 거리는 단계마다 걷는 사람들의 심리와 상태에 맞도록 설계되었다. 우선 상가가 밀집된 나가노 역 앞 구간을 사람들은 눈요기를 하며 걷는다. 역전구간을 벗어나면 혼잡한 구간을 벗어난 한가함을 즐길 수 있도록 보행자 도로만 조금 넓혀 놓았다. 약 200-300미터를 지나 다소 밋밋해질 무렵 보행자 도로가 조금 더 넓어지고 조각품이나 공중전화 박스 같은 스트리트퍼니처들이 심심찮게 나타난다.

더 걸어 올라 사람들이 다소 지쳐갈 무렵부터는 본격적으로 스트리트퍼니처가 많아지고 곳곳에 벤치가 나타난다. 그 언저리에서 좀 쉬다가 다시 걷다 보면 이제 차도와 인도의 바닥은 본격적으로 석재로 바뀌어 자동차가 속도를 줄이게 되고 보행자 구간이 더 넓어져 본격적으로 차와 보행자의 혼용구간이 시작된다.

조금 더 올라가면 차도의 바닥은 더 울퉁불퉁한 석재로 거칠어지고 보행자 구간이 확연히 넓어지면서 비로소 젠코지의 분위기를 살리는 석등들이 나타난다. 거의 다 왔으니 힘을 내라는 구간이다. 더 올라가니 시야에 사하촌의 기념품 상가들이 보이며 발길을 재촉한다. 이제 저 앞에 일주문이 보인다. 멀리 대웅전도 보이기 시작한다. 2킬로미터를 힘든 줄 모르고 걷던 나는 절의 본존 계단을 오를 때쯤에야 비로소 다리가 꽤 아프다는 걸 느낀다.

나가노 역에서 1킬로미터 지
점. 군데 군데 벤치가 설치되
어 걷는 이들을 쉬게 한다.

그제야 비로소 나가노 시의 설계가 무엇을 의미하는지 전해져 왔다. 2킬로미터에 달하는 거리를 걷기에 자칫 피로감을 느낄 수 있는 보행자의 흥미도 유도하면서, 중심소비지 나가노 역과 문화유적지 젠코지 주변의 서로 다른 문화적 분위기를 고려한 현명한 발상이었다. 역에서부터 점점 젠코지 방향으로 나아가면서 도로의 설계 자체를 도시적 분위기에서 전통적 분위기로 단계적으로 변화시켜 나간 나가노 시의 현명한 발상에 웃음이 지어졌다.

추오토오리가 걷기 좋은 거리가 되자 거리 전체의 상가군도 균형을 잡아갔다. 역 앞은 혼잡한 상가, 역전을 벗어나면 의류나 트랜드 상품, 중간부분은 쉬기 좋은 카페나 간이음식점, 사하촌은 불교용품이나 기념품점. 상가가 고르게 살아나 있다.

도시계획학계에서도 자동차가 달리기 좋은 넓은 차도만 계획하는 방식은 이제 더 이상 인간을 위해서도 경제를 위해서도 바람직하지 않다는 반성이 시작된 지 오래다. 차를 타고 빠르게 통과해 버리기보다는 걷고 웃고 떠들며 쉬는 거리. 살아가는 일의 아름다움을 담은 그 길이 나가노라는 도시도 살리고 사람들도 살려냈다.

커뮤니티 도로에 담긴 전통과 현대의 디테일

나라 산조토오리

奈良

일본이 거리의 소품 하나도 특수제작을 한다는 것은
중소기업이 살아 있다는 증거일 것이다.
중소기업이 살아 있다는 것은 개성이 살아 있다는 것이며
나아가 지방이 살아 있고 일본의 경제구조가
그만큼 탄탄하다는 의미이기도 하다.
중소기업이 살고 지방이 살아야 한다는 것은
우리에게도 중차대한 과제가 아닌가.

지역성과 중소기업은 동반자 관계이다.
지방은 자기의 색깔과 정체성을 보존해야 한다.
그러려면 지방의 중소기업들이 살아 있어야 한다.
대량생산과 기성품은 획일화의 길이다.
이제 누군가는 대기업 중심 경제구조의 악순환 고리를 끊어야 한다.

1300년 전의 도읍지

2010년 나라 시에서는 헤이조平城 천도 1300년 기념축제가 대대적으로 열렸다. 일본 고대왕국의 수도였던 나라 시에 헤이조쿄平城宮라는 거대한 궁전을 건설해 수도로 정한 지 1300년이 되는 해를 기념하는 축제였다. 왕궁체험, 마츠리 등 대대적인 행사를 기획하며 방문객 숫자도 1300년에 맞추어 1300만 명으로 목표를 삼았다. 나라 시에는 여행객이 넘쳐 났다.

나라는 도다이지東大寺와 가스가다이샤春日大社 등 8개의 유네스코 세계문화유산을 가진 유서 깊은 도시다. 도다이지는 8세기에 건립된 절

찾아가는 길
간사이 공항을 이용하여 열차로 나라로 이동한다.

도다이지

도다이지.

로 대불전인 금당은 높이와 넓이와 길이가 모두 50미터에 달하는 대규모 건축물이다. 높이 15미터의 노사나대불이 한가운데 앉아 있는 금당에 들어서면 그 대단한 위압감에 놀란다. 도다이지에 접해 있는 나라 공원은 1000마리가 넘는 사슴들이 자유롭게 방목되고 있는 세계적인 공원이다.

나라 시의 대표적인 길이 JR나라 역에서 도다이지와 나라 공원에 이르는 산조토오리다. 2킬로미터 길이의 가운데 절반가량이 산조토오리이고, 나머지가 공원구역이다. 도시에서 2킬로미터 거리라면 보통 승용차나 버스로 움직이는 거리다. 그런데 나라 역에 내리면 산조토오리가 자연스럽게 도다이지까지 뚜벅뚜벅 걸어가도록 발길을 이끈다. 1300년 전의 도읍지로 거슬러 오르는 일본 제일의 커뮤니티 도로이다.

그들의 커뮤니티 도로는 역사를 계승하는 길이다

산조토오리 시작 지점

산조토오리는 폭 16미터에 달하는 대로지만 커뮤니티 도로로 정비되기 전, 보행자 구간은 폭이 좁았고, 무분별한 주정차 차량과 자전거 사이로 보행자들이 차도까지 넘나들며 뒤엉켜 걸어야 하는 위험하고 불편한 도로였다. 상가들도 무질서하게 돌출되어 있었고 차량도 혼잡했다. 1300년 도읍지로서 손님들을 맞이하는 거리에는 전혀 격이 맞지 않았다.

나라 시는 산조토오리 지구계획을 세우기로 하고, 공무원과 전문가 및 주민들로 구성된 '산조토오리 마을건설협의회'를 발족했다. 나

라 역 앞의 16미터 도로에서 시작해 폭이 좁아지는 옛거리를 포함하는 약 1킬로미터 구간에 대한 도로 정비가 시작되었다.

시에서는 협의회의 기본 운영과 사업을 지원했다. 주민들은 자신의 마을과 거리를 어떻게 조성할 것인가에 대해 최대한의 창의성을 발휘했다. 전문가는 주민들의 발상을 합리적으로 재조정하고 구체화해 갔다.

협의회가 정한 산조토오리의 경관 콘셉트는 세 가지였다. 첫 번째는 옛 도읍지의 격을 유지하면서 새로운 풍경을 만들자, 둘째는 중심 시가지로서 상업 활성화, 마지막으로 주민들의 단합과 협동의 거리로 잡았다. 나라에 면면히 흐르는 역사적 자원과 고유한 풍경 이미지를 훼

나라 시 산조토오리. 나라 역에서 나라 공원을 거쳐 도다이지에 이르는 일본의 대표적인 커뮤티니 도로이다.

산조토오리의 나라 공원 입구. 도로 폭이 좁아지면서 차량의 속도를 줄이도록 노면을 아주 거칠게 조성했다.

손하지 않으면서도 거리의 미래를 내다볼 수 있는 풍경을 만들고, '개별 점포' 개념에서 '거리 점포' 개념으로 발상을 전환하여 상업가를 매력적으로 발전시키자는 것. 또한 공공시설과 거리 이벤트를 활성화하고 주민들이 스스로 공감하여 유지·관리해 나가는 거리로 만들자는 것이었다. '거리 점포'란 각 점포들을 보행자 공간에서 가능한 뒤로 물리고 파사드Façade(건물의 정면 구조나 디자인을 말하는 프랑스어)도 통일성을 주어 서로 협조하며 상생하는 거리를 만들자는 공적 개념이다.

그런 원칙하에 멀리 도다이지와 나라 공원이 위치한 가스가야마春日 산을 바라보는 시야를 훼손하지 않는 세계문화유산의 격에 맞는 거리를 만들고, 보행자 거리를 넓히고 차량의 주정차가 불편하지 않도록 유지·관리하며, 바닥 재료나 스트리트퍼니처들에는 전통의 형태와 색, 빛을 계승하여 현대적으로 재현하기로 했다.

보행자와 차량의 WinWin,
전통과 현대의 WinWin

16미터 폭의 도로는 먼저 보행자 공간에 최대한 할애했다. 점포 밖에서도 쉽게 물건이나 음식을 살 수 있도록 각 점포 앞에는 1–2미터의 접객공간을 두었다. 폭이 16미터나 되는 넓은 도로지만 차로는 일방통행로로 만들었다. 커뮤니티 도로의 특징을 살리기 위해 복잡한 차량 통행을 줄인 것이다. 다소 불편하더라도 기존의 차량 통행량은 가까운 다른 도로로 대체해 분산시키기로 했다.

차도의 바닥은 화강암으로 깔아 역사도시의 느낌을 살렸고 차량의 속도는 떨어뜨렸다. 노면 디자인에서 눈에 띄는 것은 차도에서 보행자 공간 쪽으로 군데군데 들어가 있는 중립지대neutral zone다. 중립지대는 평소에는 상가들을 위한 임시정차구간의 역할을 한다. 포켓pocket 구간이라고도 한다.

차도와 보행자 사이에는 이동식 볼라드를 두었다. 주말과 휴일에는 아예 차 없는 거리를 시행하는데, 이때 대형 축제나 공연이 열리면 볼라드를 치우고 인도와 차도를 일체화시켜 온전히 보행자 천국으로 만든다. 이동식 볼라드는 100킬로그램이 넘는 무게로 설치했다. 평소에 차들이 볼라드를 치우고 주차하지 못하도록 하기 위해서다. 또한 볼라드는 태양광을 이용해 조명 역할을 하도록 특수제작 했다. 밤이면 허리 높이의 볼라드가 은은히 빛난다.

가로수는 멀리 가스가야마 산의 풍경을 가리지 않도록 잎이 너무 풍성하지 않은 상록수로 심었다. 주로 일본 고유 품종들이다. 가로수의 주변은 키 작은 관목으로 둘러쌌다. 관목 안쪽으로는 바닥 조명을 설치하여 밤이면 멋지게 가로수를 빛내준다.

산조토오리는 거리 정비 과정에서 전선들도 지중화시켰다. 전선 없는 거리는 막힘없이 시원하다. 전선 지중화는 필수적으로 지상에 배전반을 설치해야 한다. 전류를 교류시키는 배전반은 가로와 세로 약 1미터, 높이 약 1.5미터 가량이나 차지한다. 배전반이 그대로 노출되면 안전과 경관을 해칠 수밖에 없다. 산조토오리는 이 문제를 '섬'이라는 개념으로 해결했다. 배전반을 둘러싸고 관목을 심은 다음 그 주변을 벤치로 에워싸는 것이다. 자연스럽게 쉼터를 만들면서 배전반이 있는 곳들은 군데군데 초록의 섬이 되게 했다. 얼추 100미터마다 하나씩 눈에 띄는데, 일부러 의식하지 않고는 배전반이라는 사실을 알

나라의 전통 격자의 집. 집 가운데 정원을 두고 방들이 첩첩이 연이어져 있다. 모든 문이 격자로 이루어져 격자와 격자가 포개지는 단순하면서도 강한 아름다움이 있다.

시원스레 뻗어난 산조토오리.

아채기 어렵다.

　나라는 일본 전통의 격자창을 살린 전통 가옥들로도 유명하다. 우
리나라의 경우 오래된 사찰이나 궁궐에는 전통 꽃살문양도 많지만 일
본은 가로와 세로의 격자 형태로만 만들어 그 느낌이 꽤나 강하고 단
순하다. 그런 전통 가옥들이 나라마치에 많이 남아 있다. 이를 살려
산조토오리의 가로등은 격자 문양으로 디자인됐다. 목재와 철재를 합

쳐 만들었는데 가로등의 기능뿐 아니라 다양한 역할을 하도록 제작되었다. 산조토오리의 공연이나 축제를 홍보하는 배너를 세로로 설치할 수 있도록 지지대를 설치했고 윗부분에는 오디오 시설을 설치해 평소에는 은은한 음악을 흘려보내준다.

산조 커뮤니티 도로는 나라 역에서 도다이지를 향하다가 중간쯤에 긴테쓰나라 역으로 연결되는 골목 상점가를 만난다. 대개의 골목들이 그렇듯이 개성 있는 음식점이 즐비하다. 산조토오리를 걷던 보행자들은 제각기 특별함을 자랑하는 맛과 멋을 즐긴다. 수타면을 자랑하는 우동집에 들렀다. 메뉴는 우동뿐이지만 우동 종류가 10가지를 넘는다. 굵은 면발이 담긴 국물이 진하다.

'그것들은 왜 특수제작 되었을까', 가로등에 담긴 한 국가의 경제구조와 현실

산조토오리를 두 번째 갈 때는 서종면의 커뮤니티 도로를 준비하기 위해 동료들과 함께 갔다. 볼라드나 가로등, 배전반을 둘러싼 벤치 등 스트리트퍼니처가 모두 마치 산조토오리만의 특허품처럼 특수제작 되었다는 사실에 모두들 놀라워했다.

저녁을 먹으며 마을에서 건축업을 하는 동료가 진지하게 입을 열었다. "이렇게 설치품마다 저마다의 목적에 맞게 특수제작을 한다는 것은 쉬운 일이 아니다. 물론 가격도 문제지만 이는 경제 풍토와도 연결되는 문제다. 편하다는 이유로 대기업이 대량생산하는 기성품에만 의존하는 사회는 중소기업의 입지를 없앤다. 중소기업이 사라지면 특수

제작품을 쓰고 싶어도 어쩔 수 없이 기성품으로 대체하지 않을 수 없다. 중소기업의 쇠퇴와 디자인의 쇠퇴가 악순환되는 거다."

　일본이 특수제작품을 중시한다는 것은 중소기업이 살아 있다는 증거일 것이다. 중소기업이 살아 있다는 것은 개성이 살아 있다는 것이며, 나아가 지방이 살아 있고 일본의 경제구조가 그만큼 탄탄하다는 의미이기도 하다. 중소기업이 살고 지방이 살아야 한다는 것은 한국

나라 역 쪽 산조토오리. 일방통행로이고 차량의 속도를 줄일 수 있도록 설계됐다. 곳곳에 차량의 정차를 위한 중립지대가 있고, 볼라드와 가로등은 특수제작 되었다.

경제에서도 중차대한 과제가 아닌가. 그냥 지나칠 수도 있는 산조토오리의 가로등과 벤치들은 우리 경제가 실현하지 못하고 있는 중요한 숙제를 일깨우고 있었다.

동료들의 이야기가 이어졌다. "지역성과 중소기업은 동반자 관계인 것 같다. 지방은 자기의 색깔과 정체성을 보존해야 하는데, 그러려면 지방의 중소기업들이 살아 있어야 한다. 대량생산과 기성품은 획일화의 길이다. 이제는 대기업을 넘어 재벌기업 중심이 되어버린 경제구조를 누군가는 그 악순환의 고리를 끊어야 한다. 우리 서종면이라도 커뮤니티 도로를 만들 때 가능한 한 중소기업에 특수제작을 의뢰해 그런 시도를 해봐야 한다." 나름 절박한 문제제기였다. 모두 깊이 고개를 끄덕이며 술잔을 들었다.

산조토오리 주민들은 나라의 전통에 부끄럽지 않은 걷고 싶은 품격 있는 거리를 만들었다. 그리고 사람들이 찾아왔다. 그들은 해마다 1000만 명이 넘는 손님을 맞이한다. 그들은 늘 단합된 힘으로 거리를 유지·관리하며 일본에서도 으뜸가는 커뮤니티 도로로 만들어냈다. 산조토오리를 다시 걷고 싶다.

인간의 본성을 담은 자유의 언덕

지유가오카

自由が丘

오늘날, 인간은 변하지 않은 본성으로
상상 이상으로 변한 공간에서 살아간다는 불균형 속에 있다.
사람이 도시를 만들었지만
이제는 도시가 사람을 위축시키고 있다.
사람들은 여전히 함께 수다를 떨고, 함께 저녁을 먹고,
함께 춤 출 수 있는 공간을 원하고 있다.

지유가오카 상인들은 경관조례를 만들어
건물의 외관 관리, 도로 관리, 옥외광고 관리 등의 기준을 정하고
이를 철저하게 준수한다.
공공의 약속, 원칙의 준수 그리고 협력으로
지유가오카스런 자유와 인간 본성을 지키는 거리를 만들고 있다.

얀 겔의 위대한 실험

찾아가는 길
도쿄의 공항들을 이용해 도쿄 전철로 이동한다.

지유가오카 거리 시작 지점

덴마크 출신의 건축학자 얀 겔Jan Gehl은 우리에게 다큐멘터리 〈얀 겔의 위대한 실험The Human Scale〉으로 유명하다. 그는 건축과 도시계획을 인간적 측면에서 바라보고, 그것이 인간의 사회생활에 어떠한 영향을 미치는가를 지속적으로 연구했다.

얀 겔은 위대한 실험에서, "우리의 옛 생활공간과 비교하면 현재의 거대 도시공간은 우리가 과거에 상상했던 공상과학도시 같은 유령이다. 그만큼 우리는 상상할 수 없을 정도로 변한 공간에서 살고 있다. 그런데 우리 인간 자신은 변했는가. 아니다. 그렇다면 지금 인간은 변하지 않은 본성으로 상상 이상으로 변한 공간에서 살아가고 있다는 불균형한 상황 속에 있다. 지금의 도시공간이 과연 인간을 위한 공간인가를 돌아보아야 할 때이다. 우리는 아프리카 사자나 시베리아 호랑이가 어떤 공간에서 서식하기 좋은지는 자주 연구한다. 그러나 정작 우리 인간이 서식하기 위한 공간은 어떠해야 하는지, 지금의 서식공간이 적당한지에 대해서는 돌아보지 않고 있다"고 통렬히 지적한다.

"도시화와 근대화 과정에서 도시는 온통 차량을 위한 공간으로 변해 왔다. 도시계획은 차량을 위주로 거대하고 속도감 있는 거리로 계획되었으며, 건축은 경기부양을 위하여 대규모 건축 위주로 건설되어 왔다. 도시계획과 건축은 모두 대규모 건설회사나 대규모 자동차회사의 영향력으로 서구적 방식으로 진행되어 왔고 인간을 위한 공간은 사라져 왔다."

얀 겔은 이 같은 문제의식을 바탕으로 위대한 실험에 들어갔다. 그는 세계 거대 도시의 중심가와 뒷골목 보행자 거리를 돌아다니며 직

지유가오카 거리. 도심 속의
산책로, 공원, 상업가의 성격
을 모두 갖추었다.

접 사람들과 만났다. 그리고는 결론을 내렸다. "대부분의 사람들은 옛날로부터 인간 본성이 바뀌지는 않았다. 여전히 함께 수다를 떨고, 함께 저녁을 먹고, 함께 춤 출 수 있는 공간을 원하고 있다. 여전히 정겨운 마당이 있는 낮은 주택을 원하고 있다. 권력이나 돈이 없는 대부분의 사람들은 현재의 사회가 자신들이 원하는 방향으로 구성되고 있지 않다고 생각한다."

얀 겔은 사람이 도시를 만들었지만 이제는 도시가 사람을 위축시키고 있다고 보았다. 그래서 이제부터는 다시 사람이 도시를 자신의 본성에 맞게 바꾸어나갈 필요가 있다고 제안한다. 사람을 위한 공간, 사람의 본성에 맞는 공공공간이 필요하다. 얀 겔이 그런 대표적인 공공공간으로 꼽는 것이 보행자 중심의 거리이다. 차도가 늘면 차량이 늘고, 보행자 공간이 늘면 사람이 는다. 사람들은 그 공간에서 모이고, 소통하고, 먹고 마시며 춤추는 인간 본연의 심성을 다시 찾아갈 것이라는 게 그의 주장이다.

인간의 본성을 탐구하다 찾아낸 거리, 지유가오카

얀 겔이 도시의 공공공간을 탐구하다 찾아낸 곳이 바로 지유가오카다. 2014년의 일이고, 일본의 교수들과 함께 한 결과물이 《도시의 질을 찾아서: 구혼부쓰가와 녹도와 지유가오카 100경*In the Search of Urban Quality: 100 Maps of Kuhonbutsugawa Street, Jiyugaoka*》라는 책이다.

지유가오카는 도쿄의 메구로 구에 있는 흥미로운 지역이다. 이름도 재미있다. 지유가오카는 우리말로 '자유의 언덕'이다. 처음 나는 일본의 현대사에서 뭔가 민주화운동이 벌어져 이를 기념하기 위해 붙여진 이름이 아닐까 했다. 그러나 그런 것과는 상관이 없다. 이 지역은 본래 도쿄 시에 편입되기 전까지 조용한 농촌마을이었다. 본래는 구혼부쓰九品仏라는 9개의 불상을 모신 조신지浄真寺라는 절이 있어 구혼부쓰 지역이라고 불렸다. 지유가오카라고 불리게 된 것은 이 지역의 한 학교 이름에서 유래했다.

이곳이 도쿄 외곽지역으로 편입된 후 데즈카 기시에手塚岸衛라는 자유주의 철학자가 이 지역에 지유가오카 고등학교에서 유치원까지 이르는 지유가오카 학원을 설립하고 '들풀과 같이 강인하게, 인간을 위한 교육'을 내세웠다. 아이들이 유치원부터 고등학교까지 다니는 곳이다 보니 지역민들에게 지유가오카라는 이름은 너무도 친숙한 것이 되었고, 몇 번의 행정구역 신설과 통폐합 과정에서 결국 1965년경 지유가오카로 안착했다. 문화예술인들이 많이 살고 있었던 덕분에 그들이 앞장서 지역이름을 결정하는 데 영향을 미쳤다.

그로부터 10년 뒤 1974년 지유가오카의 남쪽을 흐르던 구혼부쓰 천이 복개되는 일이 생겼다. 아름다운 개천이었지만 홍수의 위험이 컸기 때문이다. 개천이 지하로 들어가자 지상공간이 생겨났다. 폭 13미터, 길이 1.5킬로미터 가량의 제법 너른 공간이었다.

대부분의 경우 그 같은 공간은 차도로 사용되기가 십상이다. 그러나 지역의 문화예술인들은 아름다웠던 구혼부쓰 천을 잃고 생겨난 공간을 차량통행에 내어줄 수가 없었다. 그들은 주변 상가의 주민들을 설득했고 행정 당국도 이 공간을 새롭게 창조하자는 데에 공감했다.

지유가오카는 오래전부터 상업가였지만 개천이 살아 있을 때는 보행자 도로가 좁아 장사가 잘 되는 곳이 아니었다. 그러나 폭 13미터

벚꽃과 사람들이 어우러진 환상적인 지유가오카 보행자 도로.

의 도로가 새로이 보행자에게 자유로운 공간으로 돌아왔다. 도로 중 앙의 약 6미터 공간을 벤치와 나무가 어우러진 휴식공간으로 만들고, 양쪽으로 각 3미터 남짓의 도로는 보행자와 비상차량의 통행로다. 50년 넘는 벚나무들이 늘어서서 봄에는 꽃잔치를 벌이고 여름에는 그늘을 만들며 가을에는 낙엽을 떨군다. 도로지만, 도시공원이라 부를 만한 보행자 천국이다.

녹도, 자연적인 산책길의 힘

기타자와카와 녹도 시작 지점

지유가오카 보행자 도로의 정식이름은 구혼부쓰가와九品仏川 녹도. 녹도綠道란 신주택가를 조성하면서 주택가 사이를 흐르는 그 지역 본래의 개천과 숲을 살려내어 만든 자연적인 산책길을 말한다. 도쿄에만도 찾아가 산책해 볼 만한 녹도가 여러 곳 있는데, 세타가야世田谷 구의 우메가오카梅ヶ丘 역과 이케지리오하시池尻大橋 역을 잇는 약 3.7킬로미터의 기타자와카와北沢川 녹도는 도쿄의 대표적인 주택가 녹도로서 꼭 찾아가 볼 만하다. 주택가 속의 길임에도 불구하고 본래의 개천을 얼마나 잘 보존하고 관리했는지, 자연 그대로의 식생이 남아 학이 날아들 정도이다. 주택가 사이에 이런 길이 있을 수 있는가 하고 입이 딱 벌어져 의아해질 정도다. 주택가의 평온과 휴식의 역할을 넘어 초등학교 아이들의 자연학습 관찰로로도 애용될 정도다.

엄밀히 말하면 지유가오카 보행자 도로는 원래의 녹도와는 다소 차이가 있지만, 원래 흐르던 개천의 이름을 붙여 그렇게 부르기도 한다.

▲ 세타가야 구의 기타자와카
와 녹도. 주택가를 따라 약
2.5킬로미터나 길게 이어진다.
도시 한가운데이지만 얼마나
잘 유지했는지 지금도 학이
날아든다고 한다.
▶ 기타자와카와 녹도의 주민
들이 관리하는 꽃정원.

스위트한 자유의 언덕

일본은 현대화 과정에서 대학생들의 시위를 심각하게 경험한 탓에 광장 같은 너른 공간을 만드는 것을 꺼려온 측면이 있다. 그런데 지유가오카는 유럽의 노천카페 거리의 개념을 넘어 거리공간 전체를 광장처럼 조성하고 있다. 무엇을 먹고 무엇을 즐기든 지유가오카의 모든 공간이나 시설물들은 공유된다. 모든 공간의 모든 행동은 타인을 방해하지 않는 범위 안에서 허락된다. 너른 공원에서나 가능할 일들이 도시의 한가운데 거리에서 이뤄지고 있는 것이다. 얀 겔은 이곳이 인간의 스케일과 인간의 일상적인 공공생활에 적합한, 사람들이 본연의 자유로움을 만끽하게 되는 공간이라고 평가했다.

내가 지유가오카를 찾았을 때는 늦지 않은 봄이었다. 구혼부쓰 녹도의 입구에 들어서 멀리 1킬로미터가 넘는 보행자 거리의 직선구간을 바라보는 순간 나도 모르게 감탄이 일었다. 벚꽃이 찬란한 산책로, 아니 아름다운 공원이었다. 수많은 사람들이 그야말로 '소풍'을 나와 있었다. 도시 한복판, 상업중심지에 소풍이라니. 사람이 많지만 불편함이 느껴지지 않는, 자유와 행복의 공간이었다.

거리 양편은 상점가다. 그다지 비싸지 않은 매력 있는 옷가게들과 카페, 깔끔한 음식점들이 늘어서 있다. 점심시간 전인데도 이미 맛집은 길게 줄을 서 있다. 카페나 음식점들은 대부분 거리를 향해 좌석을 마련해 두었다. 그야말로 '스위트sweet'한 분위기다. 사람들의 표정과 기분을 함께 느끼며 기분이 업되어 걸었다. 좀 앉고 싶었지만 벤치는 대만원이다. 지유가오카는 스타벅스도 독특했다. 지역 밀착형 점

지유가오카의 상점들. 유럽식
정취를 담았다.

포 'Neighborhood and Coffee'라고 이름을 달고 녹도 쪽으로 테라스를 넓게 내어 의자들을 배치했다.

가족끼리 친구들끼리 음료와 먹거리를 놓고 풀어내는 밝고 한가로운 수다와 웃음. 유모차에 누운 아기는 따뜻한 봄날을 즐기며 평화롭게 잠들어 있다. 누가 뭐라든 홀로 독서삼매경에 빠진 이들도 적지 않다. 적당한 소음이 오히려 집중에 도움이 되나 보다. 지유가오카의 경관뿐 아니라 사람들의 표정을 실례를 무릅쓰고 카메라에 담는다. 카메라에 자유와 행복이 담긴다.

지유가오카 보행자 구간의 일부는 '마리클레르 거리'라고도 불린다. 일본과 프랑스의 외교관계가 보다 친밀해진 1982년, 프랑스 대통령 프랑수아 미테랑이 국빈으로 일본을 방문하고 쇼와 천황과 회견했다. 정부 관계자는 물론이고 경제계와 문화인들의 교류도 확대됐다. 바로 그 해에 파리의 유명한 패션잡지인 〈마리끌레르Marie claire〉의 일본판이 처음으로 출간되는데, 파리와 도쿄는 그 출판을 기념하는 거리를 만들기로 하고, 지유가오카 보행자 구간을 마리클레르 거리로 지정했다. 지유가오카다운 자유로운 분위기 때문이었을 것이다. 이후 지유가오카의 패션 상점들은 품격이 더 높아지고 매상도 늘어났다.

그들의 약속, '지유가오카답게'

지유가오카 보행자 구간 입구에는 지유가오카 지역의 마을 변천사가 전시되어 있다. 지유가오카 마을만들기위원회의 역사이기도 했다. 오래된 전원마을은 이제 도쿄 시민이 가장 살고 싶어 하는 으뜸가는

주거지가 되었다. '지유가오카다운 주거환경'과 '지유가오카다운 상업
공간'의 계승을 지침으로 삼았던 마을만들기의 결과였다.

그들에겐 '지유가오카다운'이라는 그들만의 개념이 공유되어 있다.
지유가오카 상인들은 경관조례를 만들어 건물의 외관 관리, 도로 관
리, 옥외광고 관리 등의 기준을 정해놓고 이를 철저하게 준수한다. 공
공의 약속, 원칙의 준수 그리고 협력으로 지유가오카스런 자유가 지
켜져 가고 있다.

거리의 끝까지 왕복해 걷다가 나도 겨우 빈 벤치에 앉아 하늘을 보
며 큰 숨을 들이켰다. 자유로운 공기였다. 도쿄 여행을 가면 꼭 지유가
오카의 자유의 공기를 만나보길 권한다.

지유가오카 거리 입구 전철길
아래에는 마을의 변천사를 담
은 사진이 전시되어 있다. 지
유가오카 마을만들기위원회
가 관리한다.

서종마을디자인운동본부가 서종면 사무소 앞에 설치한 한뼘공원

서종의 도전

아름다운 마을은 왜 강한가.

오랜 시간을 잘 간직하고 있으니,
그래서 누구의 것과도 비교할 수 없는 고유함을 갖고 있으니,
그래서 늘 아름다움 속에 살아갈 수 있으니….

아름다움 속에서 아름다운 생을 살아갈 수 있다는 것은
인간이 추구하는 최고의 것이 아니겠는가.
그보다 강한 것이 무엇이겠는가.

북한강변의 문화예술마을 서종

  인구는 1만 명이 채 되지 않는다. 서울이라면 대규모 아파트 단지
하나 정도의 인구다. 면적은 90제곱킬로미터를 좀 넘으니 내 사무실이
있는 서울 서초구의 2배 정도다. 북한강이 한껏 어깨를 펴고, 곧 남한
강과 만나는 두물머리를 향해 도도히 흐르는 곳이다.

  경기도 양평군 서종면. 북한강을 끼고 8개의 리가 있다. 한양으로

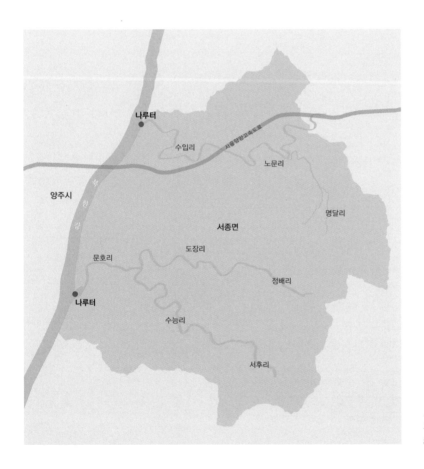

서종면은 왼쪽으로 북한강을
두고 크게 세 개의 골짜기에
8개의 마을이 형성되어 있다.

가기 위해서는 물살 힘찬 북한강을 건너야 했다. 수입리와 문호리에 나루터가 있어 배로 건너다녔다. 멀리 강원도에서 넘어오던 사람들도 있어 나루터가 있던 두 마을에는 주막거리가 꽤 번성했다고 한다. 주막거리가 끝나는 지점은 마을의 중심 장터거리인 문호리와 닿아 있다.

북한강은 남한강과 만나 팔당에 이르러 서울 사람들이 마시는 수돗물이 되니 서종면의 대부분은 개발이 규제된 상수원보호구역이다. 덕분에 물은 맑고 자연은 순하게 남아 있다. 그런데도 서울 잠실에서 차로 단 20분. 수도권 접근성이 너무 좋다. 최고의 전원주택지로 각광받으며 현재 토착 원주민과 이주민의 비율이 1:9로 역전되어 있다. 특히 문화예술인들의 비율이 높다. 농촌이되, 농촌이 아닌 마을. 그래서 여느 지방마을과는 다른 특성들이 있다.

동네 술친구를 찾다가 출범시킨 '서종마을디자인운동본부'

내가 서종면 문호리에서 살기 시작한 것은 2007년. 서울로 출퇴근하던 내게 서종은 단지 주거지였을 뿐이었다. 어느 날, 출근길에 '주민자치위원을 모집합니다'라는 현수막이 눈에 띄었다. 슬며시 동네사람들과 사귀어 보고 싶다는 생각이 일었다. 어둑해진 퇴근길, 동네에서 술잔을 부딪치고 있는 사람들이 은근히 부럽고 술맛이 동했던 터였다. 서울에서 맘 편히 술 마시고 귀가할 수 없었던 탓도 컸고, 동네에서 유유히 그것도 탁 트인 하늘과 산을 보며 술잔을 나누는 이들이 부러웠다.

다음날 입회신청서를 냈다. 잡다한 일거리의 봉사직을 자발적으로 찾아오는 사람이 있었을 리 없으니 그들로선 제 발로 원서를 들고 찾아간 내가 엉뚱해 보였을 것이다. 훗날 들으니, 웬 꾸부정한 사내가 제 발로 찾아왔는데, 직업은 또 변호사란다. 사사건건 따지며 잘난 체 하는 놈이면 그냥 두지 않겠다는 얘기들이 오갔단다. 첫 모임에서 밤늦도록 위원들과 술잔을 나누었고, 몇 명의 동갑내기들과는 곧바로 말을 놓았다. 그 즈음이었다. 몇 번의 일본 여행에서 본 깔끔하고 정겨운 마을들이 내가 사는 마을과 비교되기 시작했던 것은.

주민자치위원들과 격의 없이 친해질 무렵 나는 인생의 큰 진로 하나를 겁 없이 정하고 말았다. 자연 경관이나 인적 자원에서 일본의 어느 곳보다 결코 뒤지지 않는 서종면에서 우리도 마을만들기를 시도해 보면 어떨까. 서종이라면 규모도 환경도 조건도 적절하다고 생각했다.

2012년 여름 마을도서관에 박혀 마을만들기에 관한 삼복의 독서에 열중했다. 그리고는 마을만들기의 취지와 과제를 40여 쪽의 문서에 담았다. 제목은 "마을을 디자인하자". 그해 11월, 50명의 회원으로 비영리단체인 '서종마을디자인운동본부'를 탄생시켰다. 활동 원칙도 정했다.

1. 귀촌 이주민과 토착 원주민이 함께 하지 않으면 안 된다. 따로 하는 것은 안 하는 것보다 못하다.
2. 주민의 머리로 기획하고, 주민의 손으로 실행한다.
3. 무엇이든 A급으로 아름답게 만든다.
4. 우리가 유지·관리한다.
5. 과정에서 협력하여 공동체를 활성화함을 목표로 한다.

아, 7000만 원…. 우선 공부하자

이듬해 2013년 2월, 회원 한 명이 급하게 연락을 해왔다. 우리가 하려고 하는 일을 지원하는 공모사업이 있다는 것이었다. 경기도에서 마을만들기 단체를 지원하는 공모사업이었다. 문제는 시간이었다. 신청 마감일까지 이틀뿐. 100여 쪽에 이르는 신청서를 24시간 안에 작성해야 했다. 방향을 정하고 필요한 항목을 각기 나누었다. 내용의 완성도를 떠나 신청서의 양을 채우는 것만으로도 불가능해 보이는 일이었다. 누군가가 저녁거리를 사왔고, 밤에는 간식거리도 보급됐다. 모두들 집중력을 발휘했다. 다음날 오전 10시경, 정말이지 가까스로 양평군청에 신청서를 제출했다.

며칠 뒤, 이게 웬일인가. 양평군에서는 유일하게 우리의 서종마을디자인운동본부만이 선정되었다. 7000만 원의 마을만들기 활동자금

서종마을디자인운동본부가 2013년 오부세를 방문했을 당시 오부세 면사무소의 담당자는 열정적으로 마을만들기의 역사를 설명해 주었다.

이 마련된 것이다. 어머니의 젖과도 같은 지원금도 귀한 것이었지만, 우리가 힘을 합치면 불가능을 가능케 할 수 있다는 자신감을 얻은 귀한 경험이었다.

우선 우리의 능력 개발에 들어갔다. 도시계획과 경관개선 관련 강의 7회, 아름다운 간판만들기 강의 5회. 우리는 시야가 트여갔고 전문가 네트워크도 풍부해져 갔다. 집행부 10여 명은 2013년 한 해 동안 일주일에 한 번씩 빠짐없이 모여 공부했다. 두세 시간씩 술잔을 기울이며 토론하기도 했다. 2013년 10월엔 자비를 보태 일본의 아름다운 마을 오부세를 다녀왔다. 오부세의 감동은 우리를 더욱 결집시켰다.

쌈지공원, 주차 2대 자리를 얻어내다

활동자금 중 3000만 원은 소규모 시설사업을 할 수 있는 돈이었다. 서종의 면사무소 마당에 주민들이 쉴 수 있는 쌈지공원pocket park을 만들기로 했다. 그러나 출발부터 벽에 부딪혔다. 가뜩이나 주차공간이 부족한 판에 차량 2대 면적의 공간을 내어줄 순 없다는 것이었다. 실망하지 않고 면장을 설득해 갔다. 면사무소를 차로 에워싸야겠는가, 일을 보러 왔다가 주차장 한편에 쪼그려 앉아 기다리는 노인들과 차량 사이를 비집고 뛰어다니는 아이들이 보이지 않는가, 면사무소야말로 주민을 위한 공공의 공간이어야 하지 않는가…. 설득을 거듭하며 기본설계안까지 들이밀었다.

마침내 면사무소 마당의 수백 년 나이의 느티나무 그늘 아래 20명은 거뜬히 앉을 수 있는 아름다운 현대식 평상이 놓여졌다. 농촌마을

▲ 한뼘공원이 만들어지기 전. 면사무소 민원인들이 차량경계석에 걸터앉아 쉬고 있다.

▶ 서종면 한뼘공원이 만들어진 후. 느티나무와 절묘하게 어울리는 평상에 아이들이 스스로 신발을 벗고 올라가서 논다. 1년에 한 번씩 청년회가 청소와 덧칠을 해서 관리한다.

임을 감안해 평상을 주제로 하되, 이를 현대식으로 디자인한 설계였다. 긴 나무판을 촘촘히 연결하는 수많은 나사돌리기는 주민자치위원과 청년회원들이 도왔다. 젊은 원주민들로 이루어진 청년회는 이때부터 우리의 막강한 지원군이 되었다. 공원의 이름은 초등학교 아이들에게 공모해 '한뼘공원'이라는 정겨운 이름을 달았다. 글씨 도안도 공모로 정했다.

이듬해 봄날, 느티나무 아래 평상에서 준공식을 치렀다. 그날 밤이었다. 이장 한 분이 얼큰하게 취해 내 얼굴을 똑바로 보며 말했다. "서종마을디자인운동본부라고 하는 자들 말이야. 다들 그렇듯 지원금 받은 돈으로 밥이나 먹고 생색이나 내고 대충 공사 맡기고, 그럴 줄 알았지. 근데 밤마다 모여 뭘 한다고 그리 열띠게 토론하고, 밥도 식당문 닫을 때야 전화해서 차려 달라 하고…. 내 그런 줄 알았으면 일찍이 말 한마디라도 도와줬을 텐데…. 미안하요."

첨단시대의 원주민과 이주민 갈등

2014년부터 주민자치위원장을 맡게 됐다. 동네사람들과 어울릴 목적으로 들어섰다가 일이 커져 버렸다. 처음 시작한 일은 '마을단체협의회'를 구성하는 일이었다. 이장들의 모임인 이장협의회와 새마을운동협의회, 청년회 등 대부분 원주민들로 구성된 단체들과, 이주민 중심의 주민자치위원회의 힘을 하나로 모으는 일이었다.

원주민과 이주민 단체가 힘을 합친다는 것은 단지 이들이 하나의 목소리를 내고 일의 효과를 높인다는 것만을 의미하지 않는다. 이장

협의회 등 원주민 단체는 일제 강점기, 가까이는 1960년대 개발시대에 그 뿌리를 두고 있다. 당시부터 위에서 내려오는 정부의 지침들을 처리해 왔기 때문에 주민들의 자발적인 현장의 목소리를 반영한다거나 시대 흐름을 이끄는 개혁적인 성격은 상대적으로 약할 수밖에 없었고, 마을의 권력이 되기도 했다.

그러나 그들은 어려운 여건 속에서도 오랫동안 마을의 대소사를 맡아 다양한 경험을 쌓고 강력한 인적 네트워크를 가진 이들이다. 그들을 하나로 묶어 함께 일을 도모한다는 것은 '공유할 가치'를 찾아내 '변화의 동력'을 넓히는 일이다.

《시골은 그런 것이 아니다田舎暮らしに殺されない法》를 쓴 마루야마 겐지丸山健二가 말하듯 귀촌 이주민과 토착 원주민들이 함께 섞이는 것은 결코 쉬운 일이 아니다. 둘 사이에는 일종의 문화충돌이 있다. 원주민은 낯선 것에 대해 텃세를 부리고, 이주민은 그런 그들을 폄하하며 저들끼리만 어울린다.

그러나 이주민들이 원하는 변화도 중요하고, 원주민들의 경험도 소중하다. 원주민들은 변화에 대한 인식을 넓혀야 하고, 이주민들은 그 지역의 역사성과 문화를 이해해가며 갈등의 폭을 좁히고 변화의 동력을 만들어가야 한다.

나를 낮추는 것이 아니다. 상대를 존중하는 것이다

어쨌거나 실마리를 먼저 풀어갈 열쇠는 이주민에게 있다. 겸허함이다. 왜 그래야 하는가. 좋건 싫건 원주민들은 긴 세월 동안 그 마을을 지켜온 주체로서, 존중되어야 할 몫이 있기 때문이다.

겸허함이란 자신을 낮추는 것이 아니라, 상대를 존중하는 것이다. 이주민들이 먼저 원주민들이 살아온 시간과 경험을 진심으로 존중해야 한다. 그러면 그토록 고집스럽다가도 참 쉽게, 또 덥석 안아주고 받아들여 주는 것이 원주민이다. 술자리에 앉으면 자주 마을의 옛 얘기를 듣곤 했다. 어릴 적 술도가에 아버지의 막걸리 심부름을 갔다가 도중에 술을 축내고는 시냇물을 섞어 주전자를 채워갔다는 그 흔한 얘기조차 나는 참 재미있었다. 지난 시절의 정서가 순수하게 담겨 있기 때문이었다. 마을의 역사가 내게 전해오고, 정이 쌓여 갔다. 그런데 그들은 내가 재밌게 들어주는 것만으로도 또한 즐거워했다.

바뀌지 않는 것은 없다. 오랜 시간 관행대로 살아온 원주민들은 무엇을 바꾸어야 하는지, 어떻게 바꾸어야 하는지를 몰라서 못하거나, 엄두를 내지 못한다는 것을 느끼곤 했다. 무엇을 바꾸고 어떻게 바꾸어야 하는지를 찾으며 그들과 함께 해야 한다.

마을단체협의회를 만들고 첫 사업으로 마을 갤러리를 만들었다. 면사무소 앞 한편에 방치되어 있던 옛 소방차고를 바꾸는 일이었다. 6평 정도 되는 건물이다. 철거하고 주차장으로 쓰자는 의견도 있었지만 그러기에는 너무 아까웠다. 서종에는 오래전부터 문화예술인이 많아 그들이 전시하고 소통할 수 있는 공간이 필요하기도 했고, 일반 주민들도 문화를 즐길 수 있는 기회가 필요했다.

소방차고를 갤러리로 바꾸는 리모델링 작업은 그다지 어려운 공사가 아니었다. 주민들이 직접 설계하고 필요한 자재를 사다가 직접 시공했다. 서종마을디자인운동본부와 청년회에는 중장비부터 인테리어

주민이 만들고 주민이 운영하
는 서종면 북한강갤러리.

까지 관련 기술자들도 많다. 갤러리 앞에는 주차장의 1대 공간을 얻어 조각품을 설치했다. 주차공간을 내어주며 면장은 흔쾌히 웃으며 말했다. "두 대도 내줬는데 한 대 쯤이야 못 내주겠어요?"

이름은 '북한강갤러리'로 붙였다. 개관 전시는 '서종 옛날옛적전殿'. 마을에서 오래 살아온 토착민들로부터 서종의 옛 풍경사진들을 모았다. 예전 마을 중심을 흐르던 개울가에 아이를 안고 발을 담그고 쉬는 여인의 사진도 있었다. 그 여인은 지금 70대의 할머니가 되었고 아이는 청년회원이다.

옛날옛적전은 이주민과 원주민에게 모두 의미 있었다. 이주민에게는 서종의 옛 모습에 대한 호기심을 채워주며 마을에 대한 소속감을 높여 주었고, 원주민에게는 아름다운 고향마을과 자신들이 살아온 시간에 대한 자부심을 높여 주었다. 폐막식에선 사진의 주인공들이 직

접 나와 관객들 앞에 사진 설명을 하기도 했다. 다들 뿌듯해 했다. 뿌리에서부터 원주민과 이주민들이 손을 맞잡는 자리였다.

　현재 북한강갤러리는 1년에 18회 정도의 전시 일정으로 성황리에 운영되고 있다. 주민자치위원회가 직접 운영하고 경기도와 양평군이 지원한다. 그렇게 마을의 작가들과 주민들이 작은 공간 안에서 눈높이를 맞추고, 하나의 공동체 안에 살고 있음을 확인하고 있다.

◀ 서종면 중심 장터거리를 흐르던 실개천. 옛날옛적 사진전에 출품되었다. 안긴 아이는 이제 40대 후반이 되었고, 여인은 70대가 되었다.
▲ 북한강갤러리의 옛날옛적 사진전 폐막식에서 동네사람들이 옛 사진의 장본인들의 설명을 귀담아 들으며 옛날을 회상하고 있다. 벽면에 걸린 사진들이 모두 옛 사진들이다.

마을디자인, 100년 전 만세소리를 담다

　2015년에는 면사무소 부근에 '3.1항쟁 예술문화공원'을 만들었다. 서종면은 위정척사론의 대표 인물인 화서 이항로 선생의 생가가 있는 곳이다. 선생은 말년에 서종에 내려와 후학을 양성했는데, 그 영향으로 1919년 경기도로서는 서종에서 처음으로 3.1 만세운동이 일어났다.

서종면 3.1항쟁 예술문화공원.
벽면에는 기왓장 타일로 만
세운동 물결의 벽화를, 공원
엔 만세운동 형상의 조각품
을 설치했다.

　　마을디자인운동본부가 문화마을 서종답게 문화예술적으로 디자
인하자고 제안했다. 서종에서 오래 거주해 온 서용선 화백이 총감독
을 맡았다. 서 화백은 이중섭 미술상의 수상작가이다. 3.1항쟁 예술
문화공원의 배경이 될 건물의 벽면에 커다랗게 만세운동 벽화를 그
리고, 그 앞에 만세운동을 하는 청동조각상을 설치하기로 했다. 벽화
는 서 화백이 스케치를 하고, 주민들이 직접 도자기와 기왓장의 파편
으로 모자이크벽을 채웠다. 약 한 달 간 연인원 100여 명이 힘을 합친
작업이었다. 거대한 벽화와 청동조각품이 어우러진 공원 준공식에서
주민들은 함께 목청 높여 만세삼창을 외쳤다. 100년의 세월을 건너온
뜨거운 함성이었다.

함께 마을을 만들어간 지 4년 째. 2015년. 면사무소 앞 한뼘공원
과, 주민이 만들고 주민이 운영하는 북한강갤러리, 그리고 3.1항쟁 예
술문화공원의 경관을 한데 묶어 국토교통부 경관대상 농촌경관부문
최우수상을 받았다.

서종의 도전

서종면의 중심가 문호리는 그 옛날 장터거리였다. 수많은 옛 추억과
사연이 어린 장터거리는 아직도 그 시절의 흔적들이 남아 있다. 100년
의 역사를 훌쩍 넘겨 켜켜이 세월이 얹힌 문호교회의 옛 예배당 건물
과, 그 뒤편을 흐르는 아름다운 문호천. 거리의 중간쯤에는 역시 백년
의 세월을 담은 문호정미소가 옛 모습 그대로 양철지붕을 머리에 이
고 자신을 새롭게 가꿔줄 또 다른 손길을 기다리고 있다. 마을 남정네
들의 막걸리를 책임졌던 양조장 건물도 외관은 그대로 남아 있다. 그
거리의 가장자리에는 지금도 아름다운 실개천이 숨어서 흐르고 있다.
하지만 언젠가부터 서종은 모텔촌으로 전락해 그 전통과 자존심이 사
라져 왔다. 이주민들이 들어오며 땅값은 올랐지만 거리엔 차량이 늘고
무질서하게 건축자재들이 쌓여 있다.

무질서와 욕망의 끝에서 이제 서종은 새로이 도전하려 한다. 옛 마
을의 정체성을 살리되 새롭고 현대적인 경관과 공동체를 만들어가려
한다.

2018년부터 농촌중심지활성화사업이 진행되었다. 농림축산식품부

가 농촌 중심지의 잠재력과 고유의 테마를 살려 경쟁력을 갖춘 농촌을 만들고자 지원하는 사업이다. 2017년에 농촌중심지활성화사업에 선정된 서종면은 총 사업비 60억 원의 4년에 걸친 프로젝트를 시작했다. 그 내용은 그간 서종마을디자인운동본부가 꿈꾸어왔던 것과 닮아 있다.

상상해본다. 4년 뒤, 서종엔 전국에서 많은 사람들이 찾아오게 되지 않을까? 그건 아래와 같은 기사 덕분이 아닐까….

"아름다운 마을을 꿈꾸는 이들이 있었다. 그들의 마을은 너무도 아름다운 강변마을이었으나 그들의 마을에도 거칠고 황량한 욕망과 이기심의 바람은 비껴가지 않았다. 그들은 더 이상 함께 모여 마을의 내일을 이야기하지 않았다. 그러다 하나둘씩 다시금 아름다운 마을을 그리워 하기 시작했다.

북한강이 흐르는 아름다운 전원마을 양평군 서종면. 그 옛 장터거리는 이제 이 시대에 어울리는 아름다운 생활거리로 거듭났다. '자연, 문화, 예술의 서종'이라는 슬로건 아래 그 거리엔 문화와 예술이 흐르는 문화 클러스터cluster가 조성되어 있다. 맑은 개울을 복원하고 보행자거리를 넓혀 지역의 예술가들로부터 기부받은 미술조각품들이 멋진 나무들 사이에 들어섰다. 장터거리의 차도는 지그재그로 선형을 바꾸고 바닥에 멋진 석재를 깔아 차량 속도도 낮추었다. 예술적이고 개성 있는 간판들은 거리 전체를 마을 갤러리로 바꾸어놓았다. 문호천 주변엔 주민들이 서로 소통하며 쉴 수 있는 수변공간이 펼쳐진다.

이 모든 것은 아름다운 마을을 꿈꾸던 주민들에 의해 만들어졌다. 마을의 각 조직들이 서로 협력하고 행정이 적극적으로 협조하여 얻어낸 그야말로 주민 주도의 민관 협력의 결과다. 진정한 지방자치는 이처럼 건강한 민관 협력 속에 완성되어가는 것. 그 가장 바탕 되는 곳에 사람들이 살고 싶어 하는 아름다운 마을, 서종이 있다."

아름다운 마을은 왜 강한가

아름다운 마을은 왜 강한가. 아름다운 마을엔 오랜 시간 그 터의 사람들이 살아온 시간이 훼손되지 않고 축적되어 있다. 그리고 그 위에 다시금 새로운 변화와 질서를 쌓으며 함께 삶의 무늬를 그려가고 있다.

풍경도 거리도 물도 가로등도 그 마을다운 것. 새로운 재료와 새로운 디자인이 보태지지만 그것이 그 마을다움을 절대로 훼손시키지 않는 것. 그 모든 것을 마을 구성원들이 주체성과 양보와 협력을 바탕으로 공공성을 일깨워 만들어낸 것이기에 아름다운 마을은 강하다.

오랜 시간을 스스로 만들고 잘 간직하고 있으니, 그래서 누구의 것과도 비교할 수 없는 고유함과 소중함을 갖고 있으니, 그래서 늘 아름다움 속에 살아갈 수 있으니…. 아름다움 속에서 아름다운 생을 살아갈 수 있다는 것은 인간이 추구하는 최고의 것이 아니겠는가. 그보다 강한 것이 무엇이겠는가.